互联网＋职业技能系列微课版创新教材

新华互联网科技
XINHUA INTERNET TECHNOLOGY

新媒体UI
视觉界面 实训教程

沙 旭 徐 虹 黄云琴 编著

U0274134

北京希望电子出版社
Beijing Hope Electronic Press
www.bhp.com.cn

内 容 简 介

本书是一本全面的UI界面设计与制作的项目实训教程。以培养学生的UI设计理念、方法为基本，结合平面软件中常用的各种工具和方法，有针对性地剖析设计制作的实施策略与过程，以训练和提高学生UI界面设计制作技能。

全书内容分为两个部分。第一部分是新媒体UI的概述。主要介绍包括什么是UI界面设计、图标设计的原则、网页UI界面设计、手机界面设计的理解等UI界面设计相关知识。第二部分是UI界面设计项目实训案例，通过5个项目设计实例，从项目任务、项目分析、使用软件、制作步骤入手对界面设计制作进行全过程讲解，从游戏图标设计、网页用户界面设计、手机APP界面设计、手机主题界面设计、TV界面设计等UI界面设计进行全覆盖的分析和技能的培养。

本书适合UI与视觉设计的初学者，可以作为大中专院校计算机设计相关专业的教材，也可作为平面设计师的参考用书。

图书在版编目（C I P）数据

新媒体 UI 视觉界面实训教程 / 沙旭,徐虹,黄云琴编著. -- 北京 ： 北京希望电子出版社,2018.2

互联网+职业技能系列微课版创新教材

ISBN 978-7-83002-582-3

Ⅰ. ①新… Ⅱ. ①沙… ②徐… ③黄… Ⅲ. ①人机界面－视觉设计－教材 Ⅳ. ①TP311.1

中国版本图书馆 CIP 数据核字（2017）第 331325 号

出版：北京希望电子出版社

地址：北京市海淀区中关村大街 22 号
中科大厦 A 座 10 层

邮编：100190

网址：www.bhp.com.cn

电话：010-82626227

传真：010-62543892

经销：各地新华书店

封面：深度文化

编辑：武天宇 刘延姣

校对：龙景楠

开本：787mm×1092mm　1/16

印张：12

字数：285 千字

印刷：北京建宏印刷有限公司

版次：2023 年 1 月 1 版 5 次印刷

定价：36.00 元

编 委 会

游戏主题系列图标

网页用户界面设计

网页用户界面设计

网页用户界面设计

网页用户界面设计

网页用户界面设计

手机APP界面设计

启动页面

登录/注册页面

功能页面

手机主题界面设计

TV界面设计

TV界面设计

前　言

当前，新媒体已然发展成为全球最具发展活力与潜力十足的前景产业。随着各类新媒体的不断涌现，不仅人们的生活方式被潜移默化地改变，世界传播新秩序也不断被重塑着。在全球化趋势下，对新媒体产业现状与趋势的研究尤显必要。在以前，大众的信息来源大多通过电视、报纸、杂志和广播，而今天更多的是通过微博、微信、QQ、论坛等社交软件获得信息。

随着智能手机和平板电脑、电视界面、车载等的不断普及，UI设计这个曾经被视为"新兴产业"之一的学科已经被人们越来越熟悉，不仅如此，UI界面一直变化的方向都是带来美同时带来方便，技术是一方面，更重要的是如何巧妙地用好这些技术，让用户能够享受到交互通道的增加所带来的便利。这离不开对用户认知的不断研究，同时，还有对用户惯性的把握与引导。

视觉设计师不是美工，而是高端艺术设计人才。《新媒体UI视觉界面实训教程》主要通过UI视觉界面设计的项目实训，使读者对视觉设计有更全面和系统的认识，掌握视觉设计的应用领域及发展趋势，希望本书能够真正为读者在UI视觉设计之路带来力所能及的引导和帮助。

为了方便教学，本书配有操作视频资源，用户使用二维码可以获取相应视频资源。

由于编者水平有限，书中不足和错误之处在所难免，恳请广大读者不吝批评指正，以期共同进步。

编　者

目　录

新媒体UI的概述

　　User Interface（用户界面），简称UI，是指对软件的人机交互、操作逻辑、界面美观的整体设计。而使用上，对软件的人机交互、操作逻辑、界面美观的整体设计则是同样重要的另一个门道，好的UI不仅是让软件变得有个性有品位，还要让软件的操作变得更为舒适、简单、自由，充分体现软件的定位和特点。

　　界面风格是产品的形象标识，是产品的脸面，一个成功的界面设计有自己的独特风格，或清新活力，或时尚优雅。当前出现频率较多的一个词就是"创新"，创新是企业的生命力，于是在界面风格方面也出现了大刀阔斧的改革。

　　UI设计的整体流程分为三个分支点。

　　1. 图形设计师：包括软件、网站界面、移动端界面设计。

　　2. 交互设计师：做整个项目的交互流程。

　　3. 用户体验研究师：主要是通过各种方法去了解用户现在需要什么样的体验或什么样的界面，从而对这个项目的总体性体验做出决策。

一、什么是UI界面设计

　　用户界面是人与机之间交流、沟通的层面。从深度上分为两个层次：感觉层次和情感层次。感觉层次是指人和机器之间的视觉、触觉、听觉层面；情感层次是指人和机器之间由于沟通所达成的融洽关系。总之，用户界面设计是以人为中心，使产品达到简单使用和愉悦使用的设计。因此，用户界面设计是屏幕产品的重要组成部分，界面设计应注意的三大原则如下。

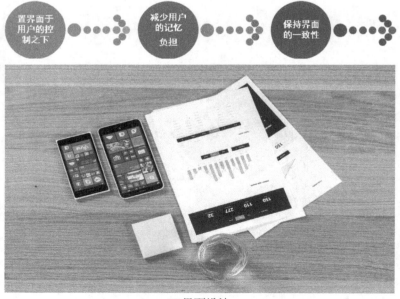

UI界面设计

二、图标设计的原则

由于软件界面设计的未来方向是简洁、易用、高效，精美的图标设计往往起到画龙点睛的作用，从而提升软件的视觉效果；图标设计在GUI中所占的比例越来越大，很多GUI设计师大多是从图标设计开始的；图标设计的目的是代替文字，提高软件可用性和视觉效果。

图标设计的核心思想，就是要尽可能发挥图标的优点，因此，设计图标应注意以下几个原则。

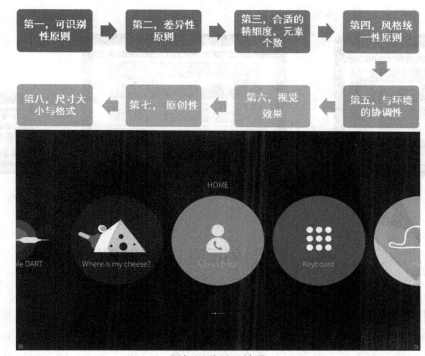

图标视觉展示效果

三、网页UI界面设计

在互联网这个内容丰富、信息繁杂的网络世界里，网页界面设计必须以其强有力的视觉冲击效果来吸引浏览者的注意，进而使特定的信息得到准确迅速地传播，这就要求网页设计的形式以简洁为主，"简洁"是各种艺术形式都必须遵循的普通原则，网页界面设计尤其要做到这一点。人们因文化素质的提高和价值观念的变化，生活情趣和审美趣味更趋向简洁、单纯。网页的外观设计得好、好用和能使用在各种设备上是今天看上去最重要的事情。响应式网页成功的关键是能适配各种用户设备，我们不仅要考虑PC端，还要适用于移动端的网页设计。

网站界面设计＋字体的技巧法则。

第一，可读性高。

第二，建立视觉层次。

第三，考虑用户。

第四，对比的创意。

第五，使用同一套风格的字体去设计。

第六，限制字体的种类。

第七，不要忘记测试体验一下。

网页视觉展示效果

四、手机界面设计的理解

手机用户界面是用户与手机系统、应用交互的窗口，手机界面的设计必须基于手机设备的物理特性和系统应用的特性进行合理设计。手机界面设计是个复杂的有不同学科参与的工程，其中最重要的两点就是产品本身的UI设计和用户体验设计，只有将这两者完美融合才能打造出优秀的作品。

一款手机应用或系统首先是通过界面将整体性格传递给用户，体现了界面上风格营造的氛围，属于产品的一种性格。视觉设计的姿态取决于用户对产品的观点、兴趣，乃至后面的使用情况。手机界面的视觉设计可以帮助产品的感性部分找到更多的共性，或者规避一些用户的可能抵触点。

1.风格确定

根据界面的总体风格的策划思路，结合界面其他元素的需要，对手机界面的整体风格进行考虑，以保证图标和整体效果的融合。风格鲜明的设计是手机界面设计的重要工作。目前，无论是引领风尚的iPhone，还是市场新宠Samsung，都推崇极简扁平化风格。

产品风格的定位

2. 图标设计

图标功能：在图形设计之前，图标非常重要，图标的功能是我们进行图标造型设计的标准和依托。设计图标的目的是实用和美观，同时要考虑图标的隐喻性，它代表的意思必须是用户可知的、熟知的。

图标造型：图标一般先用Illustrator进行绘制，然后使用Photoshop做图标设计的后期效果处理。所有界面上同级、同类的图标要保证表现形式的统一，避免用户视觉上的紊乱。

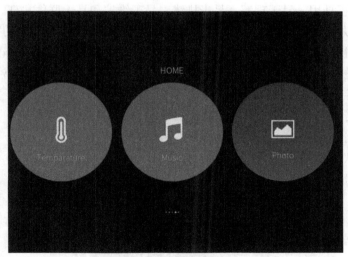

图标造型和功能相结合

3. 色彩调配

由于手机本身的限制，在色彩的还原程度上有一定限制，因此在选用色彩时要根据使用的屏幕进行调节，方法就是将设计好的效果图导入相应的手机中，用该手机自带的图片浏览软件进行全屏效果查看或者请求开发人员帮助。

色彩的意义

五、数字电视界面设计

数字电视是当今数字时代新一种消费电子产品，它势必在操作界面等方面对设计者提出较高要求。数字电视用户通过用户界面实现选台、调整音量、浏览信息等众多功能，因此用户界面是软件设计的重要模块。因此，一个界面友好的个性化数字电视应该易于学会、易于数字电视使用、易于理解、易于排错、易于维护和易于群体共享。用户界面是否直观、清晰，又不失美感，操作是否简单明了，是消费者在选购数字电视时的重要因素。

说到数字电视的UI设计，最重要的就是导航设计，导航设计的目标是让用户快速定位，并且能够预测出操作结果。设计者在针对数字电视界面设计中导航设计要注意以下几点。

（1）以十字方向键和OK键为核心。

（2）十字导航的结构。

（3）左右分栏的模式。

（4）区块式导航结构。

（5）导航项的三种状态及设计原则。

数字电视界面视觉展示效果

项目实训一

游戏主题系列图标制作

🧩 实训项目

游戏主题系列图标制作

🧩 项目分析

在游戏中，图标的分类有很多种，如品牌图标（游戏Logo）、功能图标、物品图标、装备图标、技能图标等。我们经常被那些精美的APP图标所吸引，进而下载APP应用去使用它，受欢迎的应用程序图标能给人留下良好的印象，它强调可识别性高，概括性强。图标可以用来表示游戏中的其他项目，如游戏中的道具、角色的状态、人物表现等。图标有多种形式，可以是图标所代表对象的逼真表示，也可以是高度程式化的，甚至可以是任意符号，不过在设计图标时应该考虑到用户对于图标本身代表意思的认知。本项目我们选择绘画卡通风格的游戏图标，分别制作：设置、帮派、背包、任务、首充、魔法屋的游戏图标。手绘图标设计能够充分利用图形与符号，使枯燥的内容变得更加生动形象。

此案例应用了Photoshop CC软件完成制作。图标绘画尺寸设置：512×512像素，分辨率：72像素。

🧩 实现过程

一、"设置"游戏图标制作

1. 线稿制作

手绘图标的画布尺寸，统一设置：512×512像素，分辨率：72像素。
新建文件设置如图1-1所示。

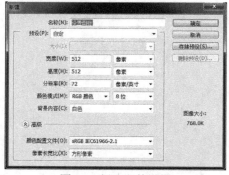

图1-1　新建文件设置

绘制前，我们先给图层解锁，便于以后图层的移动及调整，双击图层如图1-2所示。

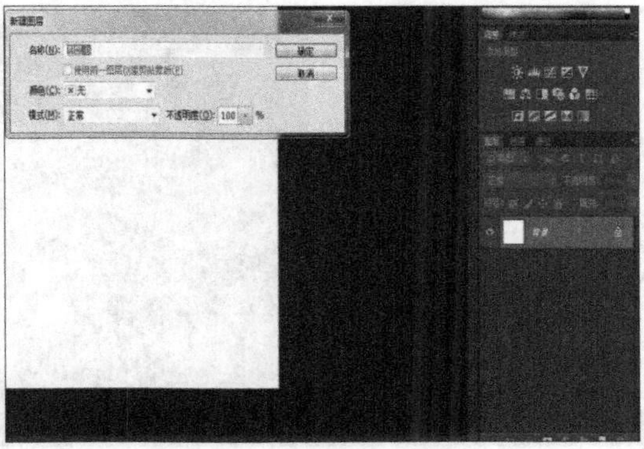

图1-2　图层解锁

建立图层组，命名为"线稿"，并在图层组中新建图层，每绘制一个部分，需建立一个新图层，便于拆分及修改。如图1-3所示。

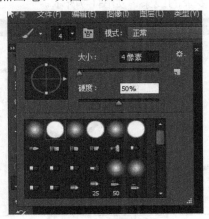

图1-3　新建图层组

选择画笔，将画笔设置大小为4像素，硬度为50%，不透明度为100%。画线稿我们一般要选择边界明显的实心圆点画笔。如图1-4所示。

图1-4　画笔设置

在画纸上勾画草图，确定图标的基本形体结构，如图1-5所示。

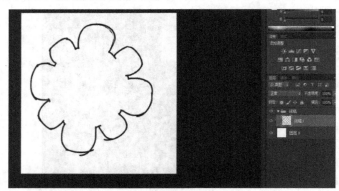

图1-5　勾画草图

选择橡皮擦工具，将橡皮擦设置大小为10像素，硬度为100%，不透明度为100%。如图1-6所示。

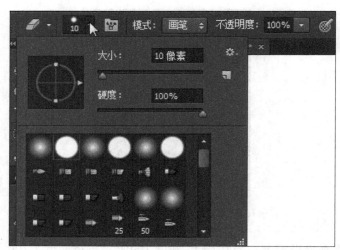

图1-6　橡皮擦设置

进行边角的修整，擦除多余的线条。如图1-7所示。

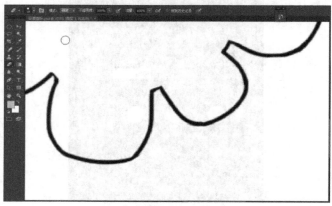

图1-7　边角修整

绘制图标外形的另一个部分。如图1-8所示。

图1-8　线稿绘制

选择椭圆选框工具。如图1-9所示。

图1-9　椭圆选框工具

在图标中绘制椭圆，鼠标右键单击描边，将宽度设置为2像素，颜色为黑色，位置居中。如图1-10所示。

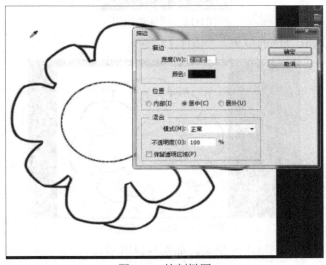

图1-10　绘制椭圆

重复执行上图1-10完成线稿，如图1-11所示。

图1-11　线稿绘制

2.图标上色

建立图层组，命名为"色稿"，并在图层组中新建图层。在上色过程中每上一种不同的颜色，需新建一个图层，便于修改。如图1-12所示。

图1-12　新建图层组

利用魔棒工具选取上色的位置，如图1-13所示。

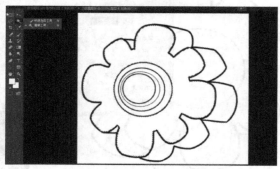

图1-13　魔棒工具选区

选择椭圆选框工具——与选区交叉，如图1-14所示。

图1-14　椭圆选框工具设置

框选选区，如图1-15所示。

图1-15　框选选区

选择渐变工具，颜色选用浅黄色到白色，如图1-16所示。

图1-16　渐变工具设置

给所选区域进行上色，如图1-17所示。

图1-17　渐变绘色

魔棒工具选择上色区，换较深的黄色，重复执行上图1-17完成操作。如图1-18所示。

图1-18　图标上色

画笔设置大小为30像素，硬度为50%，笔刷选择如图1-19所示。

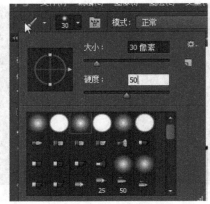

图1-19 画笔设置

魔棒工具选取侧面所需上色部分，在选区内进行上色。如图1-20所示。

图1-20 侧边上色

选择高斯模糊，对所画图层进行模糊。如图1-21所示。

图1-21 图层模糊

重复执行上图1-20和图1-21完成上色后,对边角没有上色的地方进行补色。如图1-22所示。

图1-22 边角补色

画笔设置,不透明度为60%,如图1-23所示。

图1-23 画笔设置

选择浅蓝色绘制高光。如图1-24所示。

图1-24 高光绘制

使用橡皮擦工具擦除多余的颜色,如图1-25所示。

图1-25 图标修整

二、"帮派"游戏图标制作

1. 线稿制作

新建文件——图层解锁——建立图层组。如图1-26所示。

图1-26　新建图层组

选择画笔，将画笔设置大小为4像素，硬度为50%，不透明度为100%，画线稿我们一般要选择边界明显的实心圆点画笔。如图1-27所示。

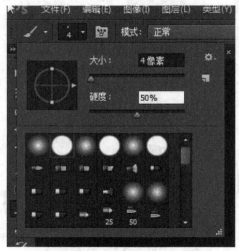

图1-27　画笔设置

勾画图标的外形草图。如图1-28所示。

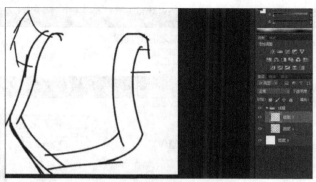

图1-28 勾画草图

选择橡皮擦工具，将橡皮擦设置大小为10 像素，硬度为100%，不透明度为100%。如图1-29所示。

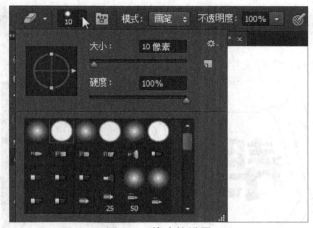

图1-29 橡皮擦设置

进行边角的修正，擦除多余的线条，重复勾出图标的外形线稿。如图1-30所示。

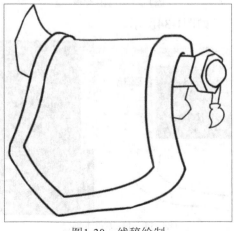

图1-30 线稿绘制

输入文字"帮"，然后变形文字。如图1-31所示。

图1-31　文字工具设置

变形文字设置。如图1-32所示。

图1-32　变形文字设置

自由变换（Ctrl+J）进行文字调整。如图1-33所示。

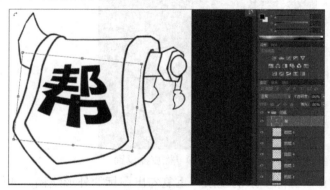

图1-33　自由变换

将字体颜色修改成白色。如图1-34所示。

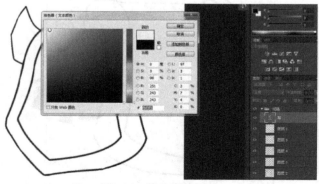

图1-34　修改字体颜色

鼠标右键单击文字图层，然后选择栅格化文字。如图1-35所示。

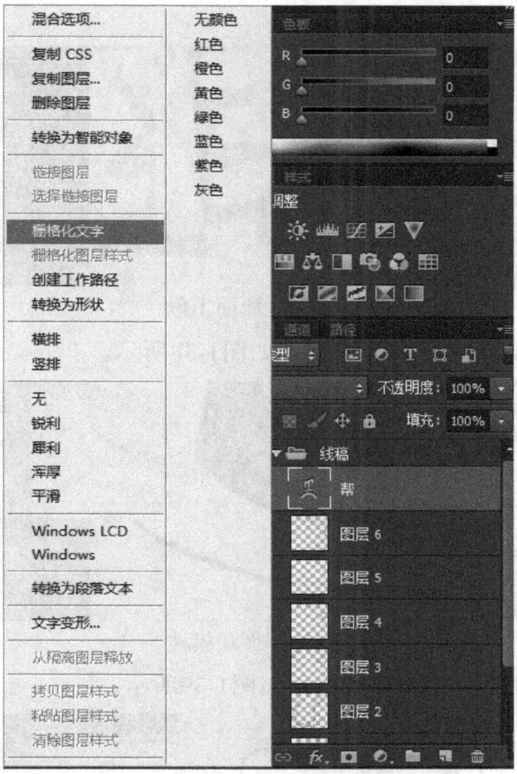

图1-35　栅格化文字

2. 图标上色

建立"色稿"图层组，利用魔棒工具选取上色的位置。如图1-36所示。

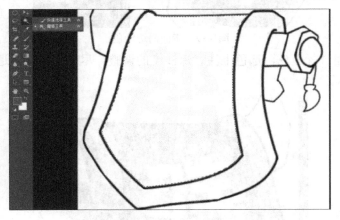

图1-36　新建图层组

　　　选择画笔工具进行大块铺色后，放大画面对边角没画到的细小部分进行补色。如图1-37所示。

图1-37　旗面上色

　　　选择高斯模糊，对所画图层进行模糊。如图1-38所示。

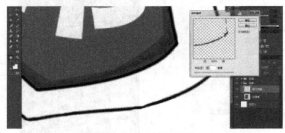

图1-38　图层模糊

　　　重复执行上图1-37和图1-38完成操作。如图1-39所示。

图1-39　旗面两边绘色

　　　对旗子的侧面进行上色，选色上注意深浅度的调整，尽可能凸显远近、前后的对比效果。如图1-40所示。

图1-40　旗面侧边绘色

魔棒工具选取"刀"所需上色部分，进行上色。如图1-41所示。

图1-41　刀身绘色

重复执行上图1-41完成操作，并对上色部分进行高斯模糊。如图1-42所示。

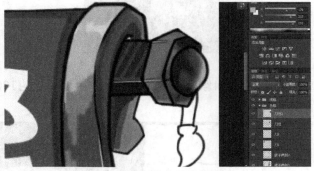

图1-42　刀柄绘色及高斯模糊

对刀的吊坠进行上色后，使用橡皮擦工具擦除多余的颜色。如图1-43所示。

图1-43　图标修整

三、 "背包"游戏图标制作

1. 线稿制作

新建文件——图层解锁——建立图层组。如图1-44所示。

图1-44　新建图层组

选择画笔，将画笔设置大小为4像素，硬度为50%，不透明度为100%。勾画图标的外形草图。如图1-45所示。

图1-45　勾画草图

用橡皮擦工具进行边角的修正，擦除多余的线条后，重复勾出图标的外形线稿。如图1-46所示。

图1-46　线稿绘制

2.图标上色

建立"色稿"图层组，利用魔棒工具选取上色的位置，选用画笔工具进行上色。如图1-47所示。

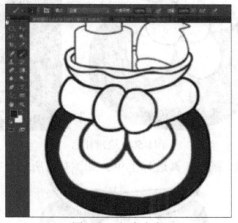

图1-47　包身上色

选择画笔上色时，根据图标的外形结构，选择适当的颜色进行搭配，注意区分明暗、深浅关系。如图1-48所示。

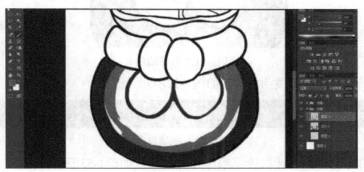

图1-48　包身绘色

选择高斯模糊，对所画图层进行模糊。如图1-49所示。

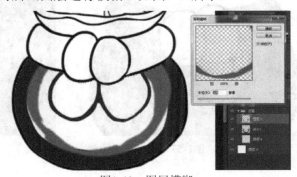

图1-49　图层模糊

重复执行上图1-48和图1-49完成操作后，将画面放大对边角没画到的细小部分进行补色。如图1-50所示。

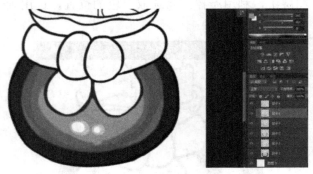

图1-50 边角补色

魔棒工具选择上色区，画笔工具进行上色。如图1-51所示。

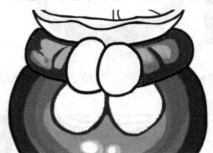

图1-51 绑带绘色

选择画笔工具，不透明度为50%。如图1-52所示。

图1-52 画笔设置

根据整体的颜色搭配，选取较亮颜色画出高光。如图1-53所示。

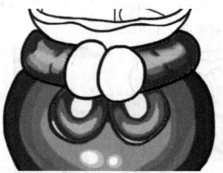

图1-53 绑带高光绘制

选择高斯模糊，对所画图层进行模糊。如图1-54所示。

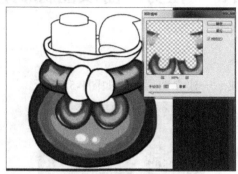

图1-54　高斯模糊

魔棒工具选择上色区——按图标的外形结构进行上色——高斯模糊——边角细小部分进行补色。如图1-55所示。

图1-55　装饰物品绘色

调整画笔大小，硬度为50%，不透明度为50%，颜色浅蓝色，画出反光。如图1-56所示。

图1-56　画笔设置

用橡皮擦工具擦除两边多余的颜色。如图1-57所示。

图1-57　图标修整

四、"任务"游戏图标制作

1. 线稿制作

新建文件——图层解锁——建立图层组。如图1-58所示。

图1-58　新建图层组

调整画笔大小，硬度为50%，不透明度为100%。勾画图标的外形草图。如图1-59所示。

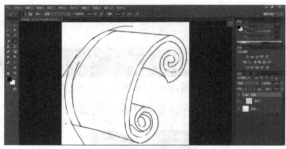

图1-59　勾画草图

选择橡皮擦工具，进行边角修整。如图1-60所示。

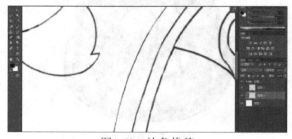

图1-60　边角修整

重复勾出图标的外形线稿。如图1-61所示。

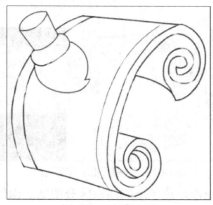

图1-61 线稿绘制

2. 图标上色

建立"色稿"图层组,利用魔棒工具选取上色的位置,选用画笔工具进行上色。如图1-62所示。

图1-62 文书主面上色

选择高斯模糊,对所画图层进行模糊。如图1-63所示。

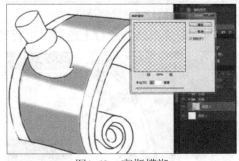

图1-63 高斯模糊

魔棒工具选择上色区，画笔进行上色后，选择高斯模糊，对所画图层进行模糊。如图1-64所示。

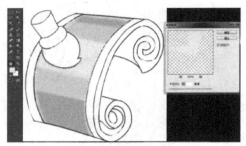

图1-64   对图层进行高斯模糊

重复执行上图1-64完成操作，选色上需注意区分明暗、深浅关系。如图1-65所示。

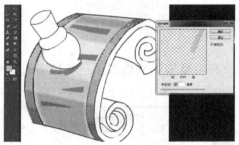

图1-65   文书两边绘色

调整画笔透明度及大小对边角没有上色的边角部分进行补色。如图1-66所示。

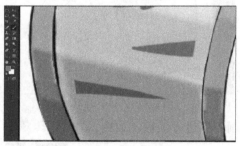

图1-66   边角补色

魔棒工具选择上色区，按图标的外形结构进行上色后，进行高斯模糊。如图1-67所示。

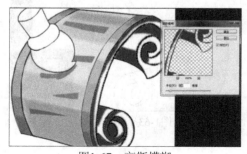

图1-67   高斯模糊

重复执行上图1-67完成操作。如图1-68所示。

图1-68 卷边部分绘色

调整画笔透明度及大小对边角没有上色的部分进行补色。如图1-69所示。

图1-69 边角补色

魔棒工具选择需上色的区域，选取颜色后使用画笔工具进行上色。如图1-70所示。

图1-70 笔杆绘色

使用画笔工具进行上色，按图标的结构外形，统一方向进行刷色，上色完成后进行高斯模糊。如图1-71所示。

图1-71 笔杆绘色

选择画笔工具，不透明度为80%。如图1-72所示。

图1-72　画笔设置

根据整体的颜色搭配，选取较亮颜色画出反光。如图1-73所示。

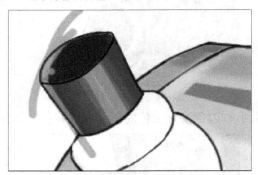

图1-73　选取较亮颜色画出反光

用橡皮擦工具擦除多余的颜色。如图1-74所示。

图1-74　笔杆边角修整

重复执行上图1-71完成操作。如图1-75所示。

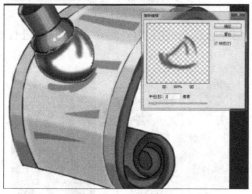

图1-75　高斯模糊

调整画笔工具不透明度，画出反光。如图1-76所示。

图1-76 画出反光

用橡皮擦工具擦除多余的颜色。如图1-77所示。

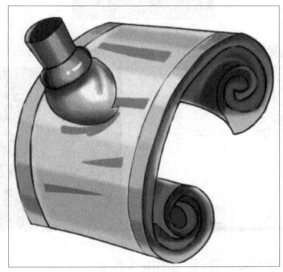

图1-77 图标修整

五、"首充"游戏图标制作

1. 线稿制作

新建文件——图层解锁——建立图层组。如图1-78所示。

图1-78　新建图层组

调整画笔大小，硬度为50%，不透明度为100%，勾画图标的外形草图。如图1-79所示。

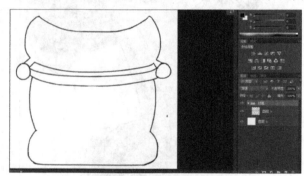

图1-79　勾画草图

选择橡皮擦工具，进行边角修整。如图1-80所示。

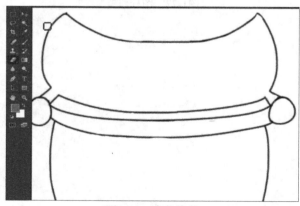

图1-80　边角修整

画笔颜色选用红色，绘制图标外形的另一部分。如图1-81所示。

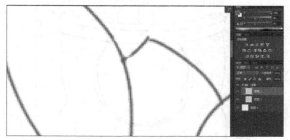

图1-81　线稿绘制

重复执行上图1-81完成操作。如图1-82所示。

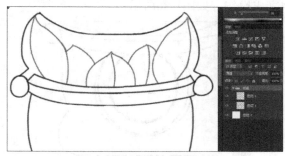

图1-82　线稿绘制

选择椭圆选框工具。如图1-83所示。

图1-83　椭圆选框工具

绘制椭圆，鼠标右键单击描边，将宽度设置为2像素，颜色深红色，位置居中。如图1-84所示。

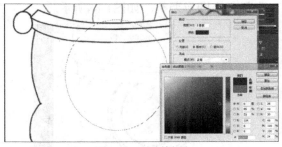

图1-84　绘制椭圆

选择橡皮擦工具将不需要的线条擦除。如图1-85所示。

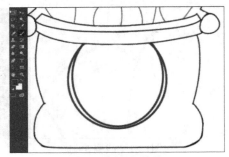

图1-85   边角修整

重复执行上图1-84完成操作，如图1-86所示。

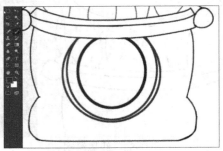

图1-86   线稿绘制

绘制矩形，选择矩形选框工具，在所需位置上画出矩形，鼠标右键单击描边，将宽度设置为3像素，颜色为黄色，位置居中。如图1-87所示。

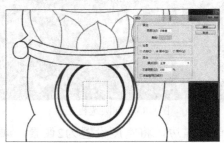

图1-87   绘制矩形

自由变换（Ctrl+J）进行文字图形调整。如图1-88所示。

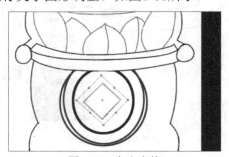

图1-88   自由变换

重复执行上图1-88完成操作。如图1-89所示。

图1-89　线稿绘制

2. 图标上色

建立"色稿"图层组，利用魔棒工具选取上色的位置，选用画笔工具进行上色。如图1-90所示。

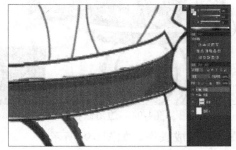

图1-90　上下两边绘色

选择画笔工具上色时，注意颜色深浅选择，明确区分亮面、灰面、暗面。如图1-91所示。

图1-91　渐变绘色

选择高斯模糊，对所画图层进行模糊。如图1-92所示。

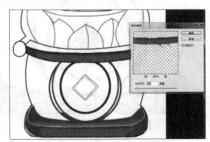

图1-92　高斯模糊

　　魔棒工具选择需上色的区域——选取颜色——画笔工具上色——取消选区对边角没有上色的部分进行补色。如图1-93所示。

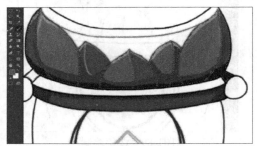

图1-93　花瓣装饰绘色

选择高斯模糊，对所画图层进行模糊后，用橡皮擦工具修边。如图1-94所示。

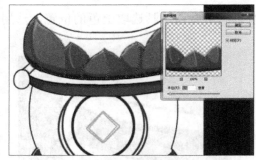

图1-94　边角修整

重复执行上图1-93和图1-94完成操作。如图1-95所示。

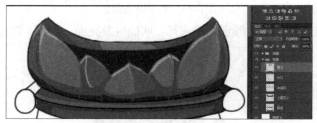

图1-95　边角绘色

　　魔棒工具选择上色区。如图1-96所示。

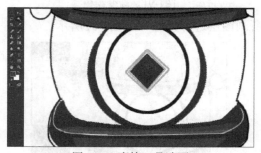

图1-96　魔棒工具选区

选择画笔工具进行上色。如图1-97所示。

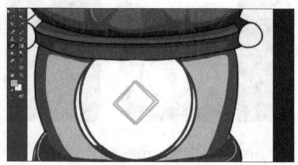

图1-97 主体面上色

选择画笔工具，不透明度为50%。如图1-98所示。

图1-98 画笔设置

根据整体的颜色搭配，选取较亮颜色画出高光后，对所画图层进行高斯模糊。如图1-99所示。

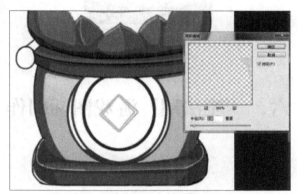

图1-99 高光绘制及高斯模糊

重复执行上图1-97～图1-99完成操作，如图1-100所示。

图1-100 图标绘色

选择浅蓝色绘制反光。如图1-101所示。

图1-101   反光绘制

用橡皮擦工具擦除多余的颜色。如图1-102所示。

图1-102   图标修整

六、"魔法屋"游戏图标制作

1. 线稿制作

新建文件——图层解锁——建立图层组。如图1-103所示。

图1-103   新建图层组

调整画笔大小，硬度为50%，不透明度为100%，勾画图标的外形草图。如图1-104所示。

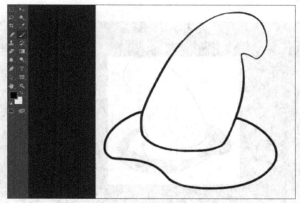

图1-104　勾画草图

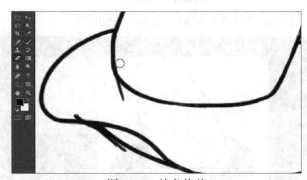

图1-105　边角修整

重复执行上图1-104完成操作。如图1-106所示。

图1-106　线稿绘制

2.图标上色

建立"色稿"图层组，利用魔棒工具选取上色的位置，选用画笔工具进行上色。如图1-107所示。

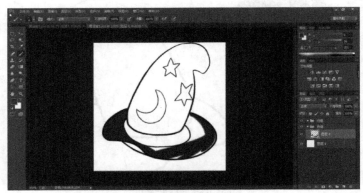

图1-107　帽檐上色

选择高斯模糊，对所画图层进行模糊。如图1-108所示。

图1-108　高斯模糊

魔棒工具选择上色区。如图1-109所示。

图1-109　魔棒工具选区

画笔进行上色后，选择高斯模糊，对所画图层进行模糊。如图1-110所示。

图1-110　帽身上色及高斯模糊

重复执行上图1-110完成操作，如图1-111所示。

图1-111　渐变上色及模糊

根据整体的颜色搭配，选取较亮颜色画出帽身的高光。如图1-112所示。

图1-112　帽身高光绘制

调整画笔透明度及大小对边角没有上色的部分进行补色。如图1-113所示。

图1-113　边角补色

用橡皮擦工具擦除多余的颜色。如图1-114所示。

图1-114　图标修整

取消已经上色的图层可见。如图1-115所示。

图1-115　取消图层可见

魔棒工具选择需上色的区域——选取颜色——画笔工具上色——取消选区对边角没有上色的部分进行补色。如图1-116所示。

图1-116　装饰物上色

重复执行上图1-116完成操作。如图1-117所示。

图1-117　装饰边绘色

选择画笔工具，不透明度为80%。如图1-118所示。

图1-118　画笔设置

根据整体的颜色搭配，选取较亮颜色画出反光。如图1-119所示。

图1-119　反光绘制

用橡皮擦工具擦除多余的颜色。如图1-120所示。

图1-120　图标修整

图1-121　系列图标展示

项目实训二

网页用户界面设计

实训项目

咖啡网页页面设计

项目分析

由于网页页面设计是伴随着计算机互联网的产生而形成的一种新媒体艺术，并伴随着网络媒体的发展而发展，从计算机的诞生到现在，网页设计流行数十载，直到现在，网页设计师仍然是不可或缺的职业，当然网页设计师不仅设计静态网页，还曾衍生出互动设计师这个职业。网页用户界面是采用HTML语言。

此案例应用了CorelDRAWX 3软件完成制作。CorelDRAW是一款由世界顶尖软件公司之一加拿大的Corel公司开发的图形图像软件。作为一个图形图像工具，矢量绘图软件，其非凡的设计能力与超强的排版功能广泛应用于广告包装、商标设计、标志制作、插图描画、排版及分色输出诸多领域。这个图形工具给设计师提供了矢量动画、页面设计、网站制作和位图编辑等多种功能。

实现过程

一、网页页面设计展示效果制作

1. 背景制作

此案例以标准的网页尺寸为主：227mm×1296mm ，整个网页的页面设计字体：方正粗倩简体。

新建文件设置，如图2-1所示。

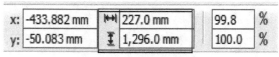

图2-1 新建文件设置

设置网页页面辅助线：工具——选项（Ctrl+J），如图2-2所示。

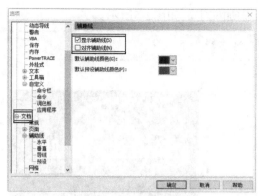

图2-2　设置辅助线

版式设计规划，从标尺上拖辅助线（上往下拖，左往右拖）如图2-3所示。

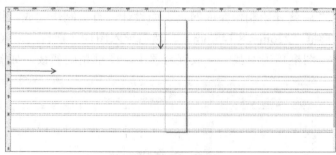

图2-3　辅助线设置版式设计（规划）

2. 首页展示效果

版式位置确定之后就开始制作完成网页页面设计，首先制作主页面，新建矩形框（227mm×149mm），然后导入图片（素材一）（Ctrl+I）插入图片（素材一）效果——图框精确剪裁——放置容器中。图框精确剪裁如图2-4所示。

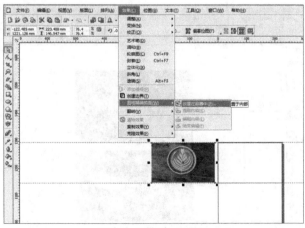

图2-4　图框精确剪裁

　　　图框精确剪裁之后，添加文字，如图2-5所示。

图2-5　添加文字

　　　版式位置确定之后就开始制作完成网页页面设计，首页制作完成，接着继续完成网页页面设计。新建矩形框（226mm×145mm），然后导入图片（素材二）（Ctrl+I）插入图片（素材二）效果——图框精确剪裁——放置容器中。图框精确剪裁，如图2-6所示。

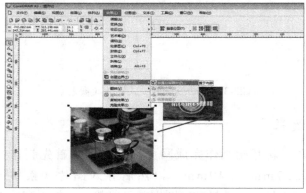

图2-6　图框精确剪裁

　　　图框精确剪裁之后，添加文字，如图2-7所示。

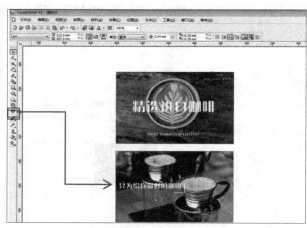

图2-7　添加文字

　　继续完成网页页面设计。新建矩形框（226mm×133mm），然后导入图片（素材三）（Ctrl+I）插入图片（素材三）效果——图框精确剪裁——放置容器中（方法同上）。图框精确剪裁及添加文字，如图2-8所示。

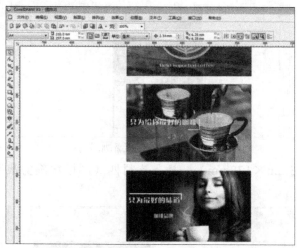

图2-8　图框精确剪裁及添加文字

文字上方形状绘制，用矩形工具绘制两个矩形，横向纵向各一个，如图2-9所示。

图2-9　绘制形状

　　用挑选工具调整纵向矩形的长度，然后使用焊接（排列——造型——焊接）或者 🔲 使两个矩形焊接成一个整体。填充白色。焊接及填充颜色，如图2-10所示。

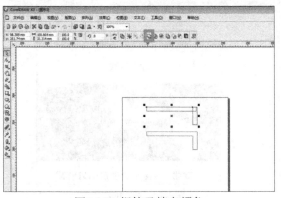

图2-10　焊接及填充颜色

接着继续完成网页页面设计，新建矩形框（104mm×99mm），填充颜色（R:101,G:70,B:57），然后添加文字，如图2-11所示。

图2-11　填充颜色及添加文字

新建矩形框（113mm×178mm），插入素材四（图框精确剪裁）方法同上，添加文字，如2-12所示。

图2-12　添加文字

新建矩形框（225mm×99mm），插入素材五（图框精确剪裁）方法同上，添加文字，如图2-13所示。

图2-13　添加文字

综合展示效果，如图2-14所示。

图2-14 综合展示效果

3. 咖啡产品介绍页面展示效果

　　咖啡产品介绍及价格展示是以左右结构制作，首先制作左边的效果，新建矩形框（100mm×112mm），插入素材六（图框精确剪裁）方法同上，如图2-15所示。

图2-15　图框精确剪裁

　　制作购买图标：先绘制一个正圆，填充颜色为灰色（R:33,G:122,B:117），按住Shift等比例缩放，单击鼠标右键复制一个填充颜色为咖啡色（R:101,G:70,B:57），然后输入文字。如图2-16所示。

图2-16　购买图标

　　制作购买价签：绘制一个长条矩形，用形状工具改矩形为圆角矩形，然后输入文字。如图2-17所示。

图2-17　价签制作

价签和购买图标，如图2-18所示。

图2-18　价签和购买图标

咖啡产品介绍及价格展示是以左右结构制作。现在制作右边的效果，新建矩形框（104mm×112mm），插入素材七（图框精确剪裁）方法同上，复制刚才制作的价签和购买图标，添加文字，如图2-19所示。

图2-19 价签和购买图标的右边展示效果

咖啡产品介绍及价格展示是以左右结构制作。首先制作左边的效果，新建矩形框（100mm×112mm），插入素材八（图框精确剪裁）方法同上。然后现在制作右边的效果，新建矩形框（104mm×112mm），插入素材九（图框精确剪裁）方法同上，把刚才制作的价签和购买图标复制一份，添加文字，如图2-20所示。

图2-20 价签和购买图标的整体展示效果

　　左右结构制作：左边新建矩形框（104mm×99mm），填充颜色（R:101,G:70,B:57），然后输入文字，右边新建矩形框（113mm×178mm），插入素材四（图框精确剪裁）方法同上，输入文字，如图2-21所示。

图2-21　咖啡产品介绍及价格展示效果

咖啡网页页面设计最终展示效果，如图2-22所示。

图2-22　咖啡网页页面设计最终展示效果

二、电脑网页页面设计展示效果制作

　　根据主网页背景制作的方法完成电脑网页页面的效果，根据（素材十二）电脑屏幕的大小，新建矩形框（138mm×87mm），插入（素材十）图框精确剪裁方法同上。电脑网页页面展示效果如图2-23所示。

图2-23　电脑网页页面展示效果

三、iPad网页页面设计展示效果制作

　　根据主网页背景制作的方法完成iPad网页页面的效果，根据（素材十三）iPad屏幕的大小，新建矩形框（89mm×68mm），插入（素材十）图框精确剪裁方法同上。iPad网页页面展示效果如图2-24所示。

图2-24　iPad网页页面展示效果

四、手机网页页面设计展示效果制作

根据主网页背景制作的方法完成手机网页界面的效果，根据（素材十四）iPad屏幕的大小，新建矩形框（48mm×81mm），插入（素材十一）图框精确剪裁方法同上。手机网页页面展示效果如图2-25所示。

图2-25 手机网页页面展示效果

综合展示如图2-26所示。

图2-26 综合展示：电脑、iPad、笔记本、手机

项目实训三

手机APP界面设计

🧩 实训项目

客舍APP界面设计

🧩 项目分析

由于现代科技的发达和社会的进步，种类繁多的高科技产品不断产生，比如手机。它使我们的生活更加便捷。从开始的电话接听短信功能到音乐播放照相功能的延伸，现在更是改变了我们的生活，比如手机阅读、手机支付等功能。在功能不断完善更新下人们对手机的美观度也更加看重。从手机的外观硬件设计发展到手机APP软件的界面设计。现在APP界面设计更成为平面设计的宠儿。

此案例应用了CorelDRAW和Photoshop软件完成制作。

🧩 实现过程

一、客舍APP图标制作

1.首页图标绘制

在设计作品中常常可以看到设计精美的图标，特别是UI和网页设计中，图标应用更加广泛，许多图标虽然看起来很简单，但是它在设计中的作用非常重要，图标设计制造要求也特别严格。首先具有较高的辨识度，其次图标需拥有特色，最后设计的图标要简单通用。从而使其适应一系列的项目。为了达到高分辨率效果，我们采用了CorelDRAW软件绘制矢量图标。

在CorelDRAW中新建一个文档，名称设置为"首页图标"。大小默认为A4，单位毫米（mm），为了减少导入到PS中的色差原色模式设置为RGB模式。渲染分辨率：300。新建文件设置，如图3-1所示。

图3-1　新建文件设置

选择矩形工具绘制矩形（10mm×10mm）。如图3-2所示。

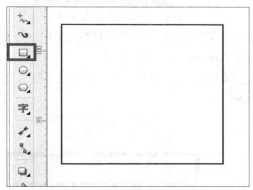

图3-2　绘制矩形

在属性栏中选择圆角，设置转角半径为1mm。如图3-3所示。

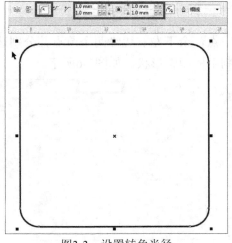

图3-3　设置转角半径

　　选择均匀填充工具及RGB颜色模式。RGB颜色模式设置如图3-4所示。

图3-4　RGB颜色模式设置

　　复制图形取消内部颜色，填充边线。将对象转曲（Ctrl+Q）选择形状工具框选上方左右四个节点向下拖动，高度为6mm，如图3-5所示。

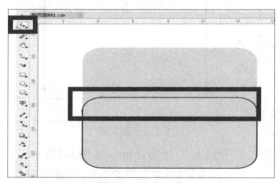

图3-5　节点调整

　　用形状工具删除多余节点，余下左右边缘两个节点并分别选中，在属性栏中将节点转换为"尖突节点"通过控制手柄调整形状。如图3-6所示。

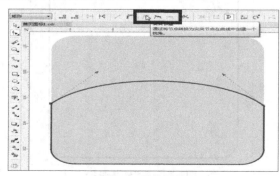

图3-6　形状调整

图形调整完后，选中两个对象在属性栏中选择对齐与分布（Ctrl+Shift+A），并选择对齐——底端对齐并填充颜色，如图3-7所示。

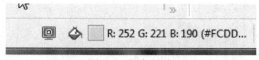

图3-7 颜色填充

将绘制完成的图标底部进行复制——垂直镜像，用以上相同的方式选择形状工具对复制的新对象进行调整，并对内部颜色和边线颜色进行填充已经对象对齐。如图3-8所示。

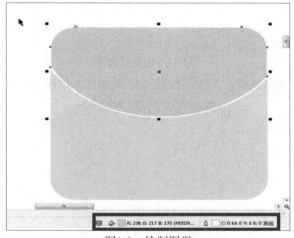

图3-8 绘制图形

以上我们的图标背景大部分完成，为了使简单的图标显得更有质感，我们接下来将对它增加一些效果。选择方形圆角矩形复制，选择交互式填充工具——渐变——矩形渐变填充。选择交互式手柄如图3-9和图3-10所示将其填充颜色。

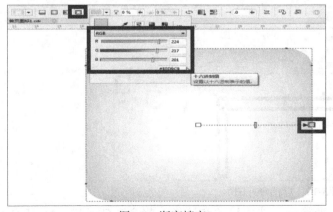

图3-9 渐变填充1

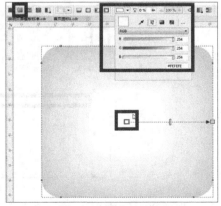

图3-10 渐变填充2

选择透明工具，渐变透明度，合并模式当中选择"乘"，并选择椭圆渐变透明度。拖动交互式手柄进行移动，调整到你想要的效果。如图3-11所示。

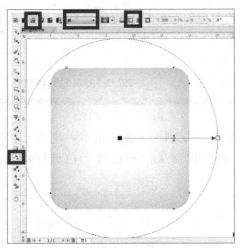

图3-11　透明度调整

将该对象与上图3-8相重叠，APP图标背景完成如图3-12所示。

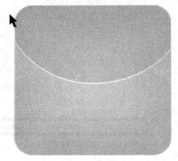

图3-12　图形对象重叠

接下来继续制作图标内部图形对象，选择矩形工具。分别绘制矩形：5mm×0.2mm和0.2mm×1.5mm。同时选择两个对象：对齐与分布——对齐——顶部对齐，右对齐——焊接。如图3-13所示。

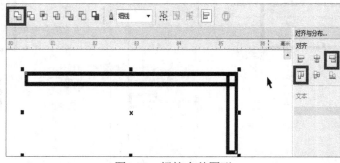

图3-13　焊接合并图形

菜单栏——窗口——泊坞窗——变换——选中缩放和镜像。将会在CorelDRAW工作界面中显示如图3-14所示的窗口，选择水平和垂直镜像，勾选"按比例"，副本为1，然后单击"应用"，如图3-14所示。

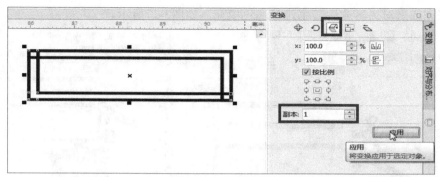

图3-14　镜像复制

同时选中两个对象进行均色填充，如图3-15所示。

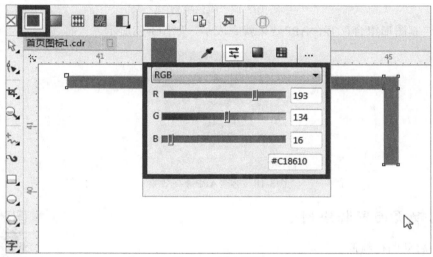

图3-15　填充颜色

选择方正隶书_GBK字体，输入"客舍"二字。将文字转曲，并用形状工具对文字进行编辑。如图3-16所示。

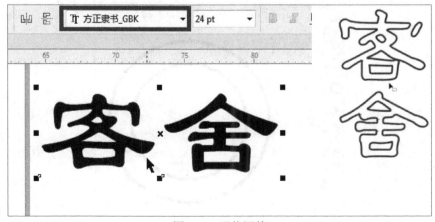

图3-16　形状调整

调整完成后对"客舍"二字进行颜色填充。如图3-17所示。

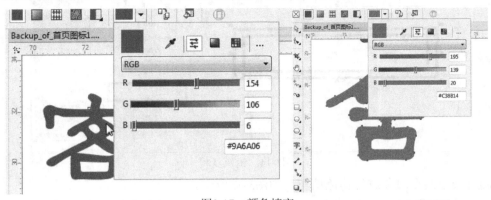

图3-17　颜色填充

将所绘制图形组合，客舍APP效果就完成了，如图3-18所示。

图3-18　客舍APP最终效果

2. 启动页面图标绘制

（1）启动图标绘制

选择椭圆工具绘制正圆（3.5mm），复制等心正圆（2.5mm）。如图3-19所示。

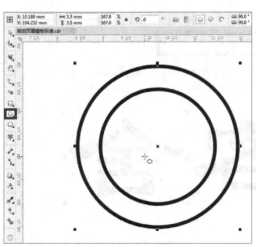

图3-19　等心正圆

工具栏——基本形状，在属性栏中选择梯形绘制如图3-20所示。

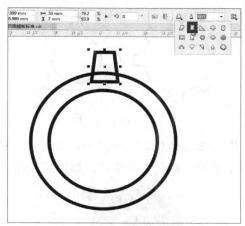

图3-20 绘制梯形

菜单栏——窗口——泊坞窗——变换——选中梯形双击，移动梯形的中心至圆心。旋转45°，副本为7，然后单击"应用"，如图3-21所示。

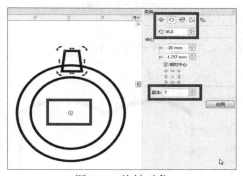

图3-21 旋转对象

框选整个图形，在属性栏中选择焊接合并。如图3-22所示。

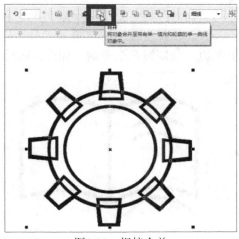

图3-22 焊接合并

　　选择椭圆工具绘制等心圆（2.5mm）。如图3-23所示。

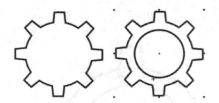

图3-23　绘制等心圆

　　绘制圆形填充颜色，齿轮(R:254,G:254,B:254)，大圆（R:100,G:100,B:100），小圆（R:133,G:67,B:6），将图形对象摆放至合适位置。如图3-24所示。

图3-24　启动图标

（2）书桌图标绘制

　　选择钢笔工具或者贝塞尔工具进行绘制，轮廓宽度（0.1mm），轮廓颜色（R:137,G:68,B:3），如图3-25所示。

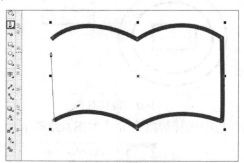

图3-25　钢笔绘制

　　继续用钢笔工具绘制出左边，复制镜像至右侧。如图3-26所示。

图3-26　复制镜像

输入文字"书桌"二字,微软雅黑5pt,并填充颜色书桌图标绘制完成。如图3-27所示。

图3-27 书桌图标

(3)领读图标绘制

选择钢笔工具绘制领读图标,方法同书桌图标,轮廓宽度(0.1mm),轮廓颜色(R:137,G:68,B:3),输入文字"领读"二字,微软雅黑5pt,并填充颜色领读图标绘制完成。如图3-28所示。

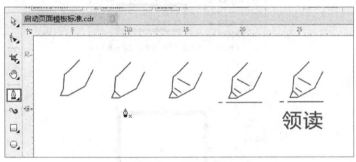

图3-28 领读图标

(4)分类图标绘制

选择矩形工具,绘制矩形(1.5mm×1.5mm)。设置转角半径(0.1mm),轮廓宽度(0.1mm),轮廓颜色(R:137,G:68,B:3)。如图3-29所示。

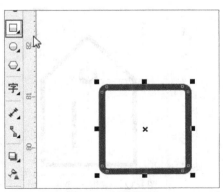

图3-29 绘制矩形

选择该图形对象复制3份进行排列，将右上角对象进行等比例等心缩小成矩形（1.2mm×1.2mm）。旋转45°。输入文字"分类"二字，微软雅黑5pt，并填充颜色分类图标绘制完成。如图3-30所示。

图3-30   分类图标

3. 导航图标绘制

（1）收录图标绘制

选择矩形工具，绘制矩形（20mm×18mm）。如图3-31所示。

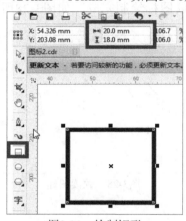

图3-31   绘制矩形

选择对象转曲（Ctrl+Q）用形状工具双击终点向上垂直拖动至合适位置。并用椭圆工具和钢笔工具绘制内部对象。如图3-32所示。

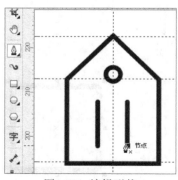

图3-32   编辑形状

选择轮廓笔工具（F12），选择圆形线条端头。如图3-33所示。

图3-33 轮廓笔编辑

设置对象轮廓宽度（1mm），群组（Ctrl+G）并旋转45°，输入文字"收录"二字，微软雅黑5pt，并填充颜色（R:137,G:68,B:3）。该收录图标完成，如图3-34所示。

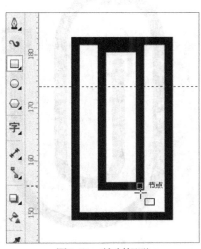

收录

图3-34 收录图标

（2）订阅图标绘制

选择矩形工具，分别绘制矩形：17mm×33mm和7mm×26mm，如图3-35所示。

图3-35 绘制矩形

分别设置转角半径：8.5mm和3.5mm，框选所选对象进行转曲（Ctrl+Q），选择形状工具，分别将两个对象的顶端节点断开，分割将多余部分节点删除。如图3-36所示。

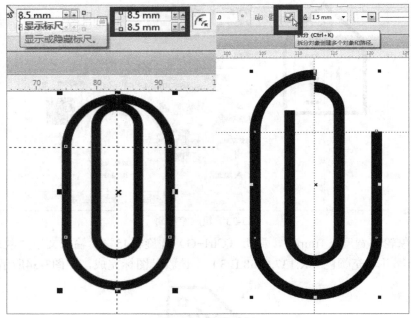

图3-36   转曲分割

框选两个对象，进行合并（Ctrl+L），使用形状工具框选两点进行连接。选择轮廓笔工具（F12），设置选择圆形线条端头，如图3-37所示。

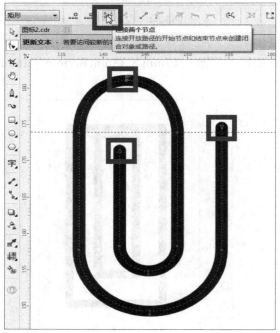

图3-37   连接节点

选择对象旋转315°，设置对象轮廓宽度（1mm），输入文字"订阅"二字，微软雅黑5pt，并填充颜色（R:137,G:68,B:3）。订阅图标完成如图3-38所示。

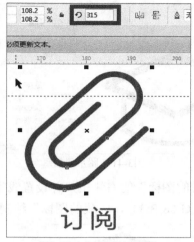

图3-38 订阅图标完成

（3）我的图标绘制

选择矩形工具，绘制矩形（20mm×10mm），再选择三点曲线工具，如图3-40所示。然后选择菜单栏——对象——造型——边界。

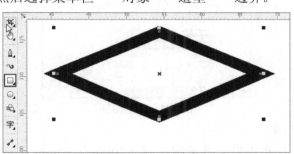

图3-39 形状调整

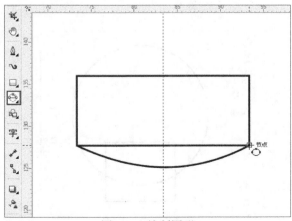

图3-40 绘制图形

　　将两个图形进行组合。选择轮廓笔工具（F12），设置对象轮廓宽度（1.5mm），选择圆角。如图3-41所示。

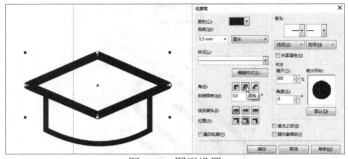

图3-41　图形设置

　　选择钢笔工具，绘制"我的图标"的右线条，并设置线宽和圆角端点。输入文字微软雅黑5pt，并填充颜色（R:137,G:68,B:3），"我的图标"绘制完成，如图3-42所示。

图3-42　我的图标

（4）关注图标绘制

　　分别选择椭圆工具和矩形工具绘制正圆（20mm×20mm）和矩形（9mm×8mm），并在菜单栏中——对象——造型——边界。图形组合如图3-43所示。

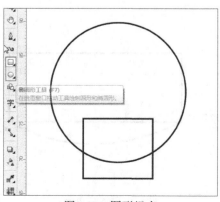

图3-43　图形组合

选择所创建的边界，选择形状工具删除节点，如图3-44所示。

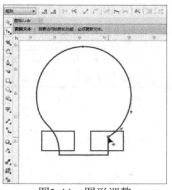

图3-44　图形调整

选择钢笔工具，结合辅助线绘制出其他图形对象。如图3-45所示。

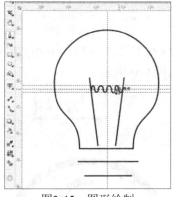

图3-45　图形绘制

选择轮廓笔工具（F12）设置线宽和圆角端点。输入文字"关注"二字，微软雅黑5pt，并填充颜色（R:137,G:68,B:3），关注图标绘制完成，如图3-46所示。

图3-46　关注图标

（5）已读图标绘制

选择椭圆工具，绘制椭圆（35mm×40mm），复制图形对象垂直下移至合适的位置，框选两个对象，选择属性栏中相交工具。如图3-47所示。

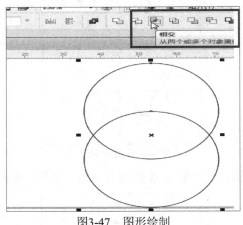

图3-47　图形绘制

选择相交图形对象。选择椭圆工具在该对象中心点绘制正圆（12mm×12mm）。选择弧，设置起始和结束角度。如图3-48所示。

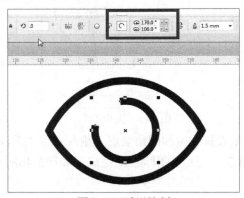

图3-48　弧形绘制

选择轮廓笔工具（F12）设置线宽和圆角端点。输入文字"已读"二字，微软雅黑5pt，并填充颜色（R:137,G:68,B:3），已读图标绘制完成，如图3-49所示。

图3-49　已读图标绘制完成

预备过程

在制作APP之前首先需要整理思路。

● 要做什么类型的APP。

● 该APP需要实现什么功能。

● 需要填充哪些内容。

整理好思路之后，做出思维导图。如图3-50所示。

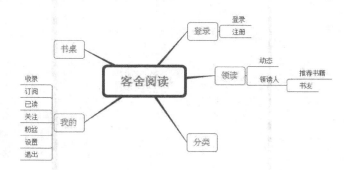

图3-50　思维导图

本例是一个集阅读、听书、社交于一体的阅读APP。

制作完成思维导图，确定需要做哪些界面，即可开始制作。

实现过程

二、基础界面制作

1. 欢迎界面

将画布设置：750×1334像素，RGB颜色，分辨率：72像素。
新建文件设置如图3-51所示。

图3-51　新建文件设置

　　设置APP界面的安全范围：视图——新建七条参考线。垂直：24像素、375像素、726像素；水平：40像素、1120像素、1138像素、1180像素。新建参考线，如图3-52所示。

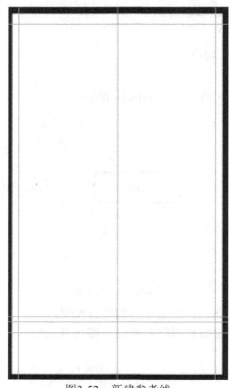

图3-52　新建参考线

使用矩形工具绘制矩形，并添加投影效果，如图3-53所示。

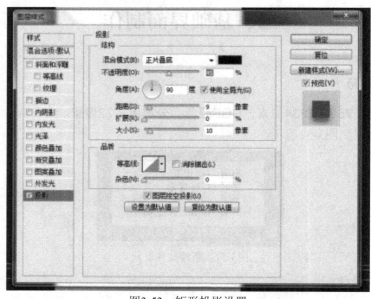

图3-53　矩形投影设置

绘制矩形及投影效果如图3-54所示。

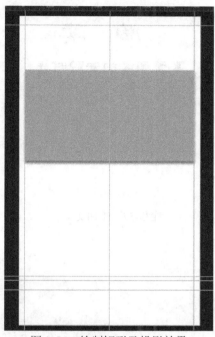

图 3-54　绘制矩形及投影效果

矩形图层上方置入图片，并且使用剪切蒙版剪切到矩形内。图层渐变如图3-55所示。

图3-55　图层渐变

绘制3个圆形，第1个圆形色值为# 816232、第2个圆形和第3个圆形色值为# c8974e。3个圆形位置如图3-56所示。

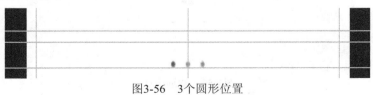

图3-56　3个圆形位置

添加文字，如图3-57所示。

图3-57   添加文字

欢迎页面，如图3-58所示。

图3-58   欢迎页面

更改置入图片可成为一系列欢迎页面，如图 3-59 所示。

图3-59 系列欢迎页面

2. 进入页面模板

（1）新建文档

将画布设置：750×1334像素，RGB颜色模式，分辨率：72像素。
新建文件设置如图3-60所示。

图3-60 新建文件设置

（2）设置APP界面的安全范围及功能区

视图——新建六条参考线。垂直：24像素、375像素；水平：40像素、128像素、208像素、1236像素。如图3-61所示。

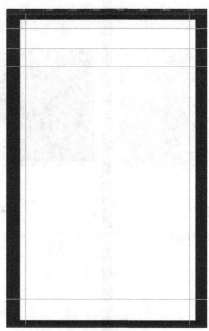

图3-61　新建参考线

用不同色块以便区分不同功能区，如图3-62所示。

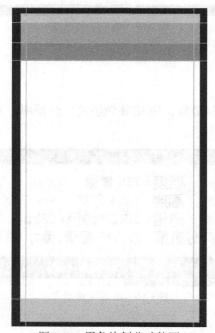

图3-62　用色块划分功能区

（3）添加status bar

将之前完成的Icon放入界面中。如图3-63所示。

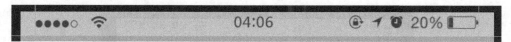

图3-63　status bar

分区色块（色块仅用于区分不同功能区），如图3-64所示。

图3-64　分区色块

注意对图层进行分组管理，以便后期工作顺利完成。图层管理如图3-65 所示。

图3-65　图层管理

　　存储文件为"页面模板.psd"，页面模板即完成，之后所有页面都在此基础上进行制作。如图3-66所示。

图3-66　页面模板

三、登录/注册页面制作

1.登录页面

（1）背景制作

　　打开文档"页面模板.psd"，隐藏图标组、框架结构组，新建组"login"。如图3-67所示。

图3-67　图层管理

插入背景图片，如图3-68所示。

图3-68　插入图片

在图片上方新建图层填充白色。如图3-69所示。

图3-69　新建图层

在此图层上添加图层蒙版。使用画笔工具，更改流量，如图3-70所示。

图3-70　画笔流量设置

使用黑色画笔在蒙版上进行涂抹，使图层部分透明，得到如图3-71所示效果。

图3-71　编辑图层蒙版

图层面板如图3-72所示。

图3-72　图层面板

（2）按钮制作

使用椭圆工具绘制一个正圆形，色值为#b27030，如图3-73所示。

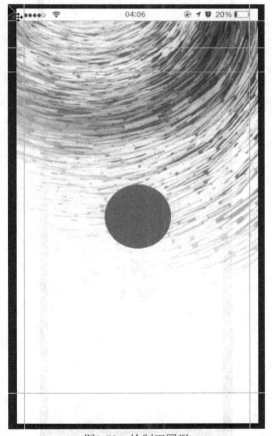

图3-73　绘制正圆形

（3）添加文字

登录（字体：方正兰亭纤黑、Regular，字号：32）。LOGIN（字体：Arial、Regular，字号：37）。填充颜色为白色。如图3-74所示。

图3-74　添加文字

将之前做好的按钮放进页面中，如图3-75所示。

图3-75　加入按钮

（4）页面装饰

添加文字，字符面板设置如图3-76所示，段落样式默认不变。

图3-76　字符面板设置1

添加文字，字符面板设置如图3-77所示，段落样式默认不变。

图3-77　字符面板设置2

登录页面完成，如图3-78所示。

图3-78　登录页面

2. 注册页面制作

（1）图层面板管理

在登录页面基础上，最上方新建组"Window"。如图3-79所示。

图3-79　图层面板管理

（2）窗口制作

在"window"组内，新建图层"bgc"填充黑色，更改不透明度为50%，如图3-80所示。

图3-80　新建图层

使用形状工具绘制圆角矩形，其属性栏设置如图3-81所示。

图3-81　属性栏设置

绘制圆角矩形，如图3-82所示。

图3-82　绘制圆角矩形

在圆角矩形左上方绘制正圆形，填充色为白色，如图3-83所示。

图3-83　绘制正圆形

在圆形内用直线工具绘制黑色短线。其属性栏设置，如图3-84所示。

图3-84　属性栏设置

绘制横线，如图3-85所示。

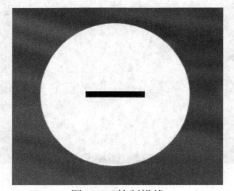

图3-85　绘制横线

复制横线并将其旋转90°，制作成十字叉。如图3-86所示。

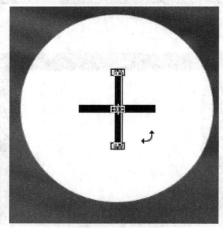

图3-86　复制横线

选中两根线，按Ctrl+E将形状合并，按下Ctrl+T键，对十字叉进行自由变换，旋转45°。其属性栏设置如图3-87所示。

图3-87　属性栏设置

旋转得到一个关闭符号，如图3-88所示。

图3-88　关闭符号

（3）添加文字

在window组中，新建组"text"。如图3-89所示。

图3-89　新建组"text"

字符面板设置，如图3-90所示。

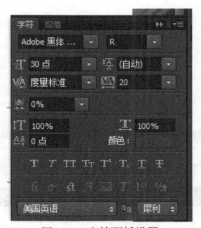

图3-90　字符面板设置

添加文字，如图3-91所示。

图3-91　添加文字

（4）手机号输入框

使用形状工具绘制圆角矩形，其属性栏设置如图3-92所示。

图3-92　属性栏设置

绘制圆角矩形，如图3-93所示。

图3-93　绘制圆角矩形

在圆角矩形内，使用直线工具绘制线段，其属性栏设置如图3-94所示。

图3-94　属性栏设置

绘制线段，如图3-95所示。

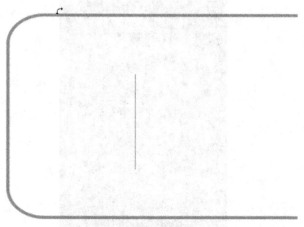

图3-95 绘制线段

复制线段形状按下Ctrl+T键对线段进行自由变换，移动线段位置。如图3-96所示。

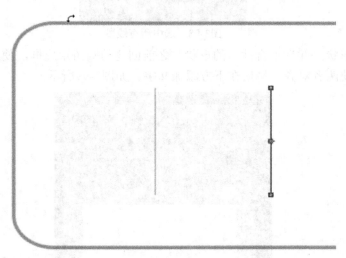

图3-96 移动线段

按下快捷键Crtl+Shift+Alt+T进行再次变换且复制，重复八次。效果如图3-97所示。

图3-97 复制线段

选中所有线段图层，如图3-98所示。

图3-98   选中所有线段

将其合并形状，并选中合并后的形状与之前创建的圆角矩形框，使用移动工具中的水平居中对齐，使两者对齐。最后在下方添加文字。如图3-99所示。

图3-99   登录/注册页面最终效果

四、书桌页面制作

1. 顶部

打开文档"页面模板.psd",新建组"书桌",如图3-100所示。

图3-100 图层管理

在"书桌"组内新建组"head",而后新建矩形,填充色为# b27131,如图3-101所示。

图3-101 顶部

插入文字及之前做好的图标,如图3-102所示。

图3-102 插入文字及图标

2. 搜索栏

在"书桌"组中新建组"search",然后绘制圆角矩形,无填充色,描边色为# b27131。其属性栏设置如图3-103所示。

图3-103 属性栏设置

绘制圆角矩形如图3-104所示。

图3-104 绘制圆角矩形

使用形状工具绘制圆形，无填充色，描边色为# b27131。与描边色为# b27131的直线，制作放大镜标志。如图3-105所示。

图3-105　绘制放大镜

输入文字"搜索你感兴趣的内容"字符面板设置，如图3-106所示。

图3-106　字符面板设置

搜索栏最终效果如图3-107所示。

图3-107　搜索栏最终效果

3. Banner制作

在"书桌"组中新建组"Banner"，绘制矩形，如图3-108所示。

图3-108　绘制矩形

插入图片到矩形上方，并使用剪切蒙版剪切到矩形内。如图3-109所示。

图3-109　置入图片

在图片下部绘制正圆形，如图3-110所示，运用大小及形状进行区分。

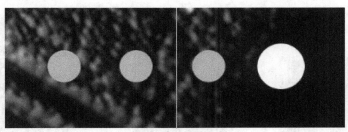

图3-110　绘制正圆形

完成Banner的制作，如图3-111所示。

图3-111　Banner效果

4. 推荐图书

将图片置入文档中，并使用图层蒙版工具+钢笔工具进行抠图，图层蒙版如图3-112
所示。

图3-112　图层蒙版状态

建立参考线，并排列好位置。如图3-113所示。

图3-113　图书排列

输入文字"在这里找到下一本挚爱读物"，字符面板设置如图3-114所示。

图3-114　字符面板设置

添加文字，效果如图3-115所示。

图3-115　添加文字

5.编辑推荐栏

绘制矩形，填充色为# ebf0f2，作为栏目区分。如图3-116所示。

图3-116　绘制矩形

添加文字，效果如图3-117所示。

图3-117　添加文字

使用直线工具绘制线段，其属性栏设置，如图3-118所示。

图3-118　属性栏设置

绘制线段，如图3-119所示。

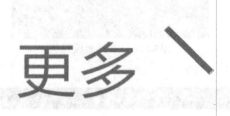

图3-119　绘制线段

复制线段，对齐进行自由变换，将其水平翻转，如图3-120所示。

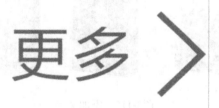

图3-120　复制线段

绘制矩形，如图3-121所示。

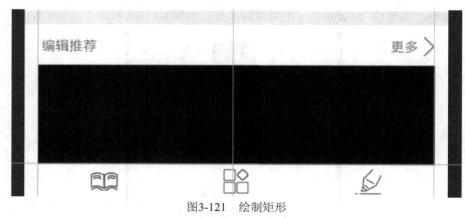

图3-121　绘制矩形

置入图片到矩形上方，并使用剪切蒙版剪切到矩形内。如图3-122所示。

图3-122　置入图片

书桌页面最终效果，如图3-123所示。

图3-123　书桌页面最终效果

五、分类界面制作

1. 顶部

打开文档"页面模板.psd",新建组"分类",如图3-124所示。

图3-124　新建组

在"书桌"组内新建组"head",然后新建矩形,填充色为# b27131,如图3-125所示。

图3-125　顶部

插入文字及之前做好的图标,如图3-126所示。

图3-126　插入文字及图标

2. 内容

在"分类"组中设置填充色为# ebf0f3，如图3-127所示。

图3-127　填充色

在"分类"组中新建"内容"组，在"内容"组中新建"连载图书"组，在"连载图书"组使用矩形工具绘制矩形，填充色为白色。如图3-128所示。

图3-128　绘制矩形

添加文字，如图3-129所示。

图3-129　添加文字

使用直线工具，填充色为# b27131，其属性栏设置如图3-130所示。

图3-130　属性栏设置

绘制分割线，如图3-131所示。

图3-131　绘制分割线

用灰色绘制类目分割线。如图3-132所示。

图3-132　绘制类目分割线

添加文字，效果如图3-133所示。

连载图书			全部 >
青春文学	职场小说	古典文学	悬疑惊悚
科幻小说	名家经典	当代小说	励志奋斗
穿越小说	纪实文学	悬疑推理	青春言情

图3-133　添加文字

复制三次连载图书组，更改文字，最终效果如图3-134所示。

图3-134　分类页面最终效果

六、领读页面制作

1. 今日领读人

　　打开书桌页面，另存为"领读.psd"将顶部"书桌"文字更改为"领读"。删除其他不需要的图层。如图3-135所示。

图3-135　更改名称

　　绘制五个正圆形，从左至右一次更改填充为70%、90%、100%、90%、70%。效果如图3-136所示。

图3-136　绘制圆形

置入图片，放置在圆形上方，使用剪切蒙版将图片剪切至圆形内，效果如图3-137所示。

图3-137 置入图片

添加文字，文字大小应中间最大，边缘最小。效果如图3-138所示。

图3-138 添加文字

2. 编辑推荐

绘制矩形，填充色为# ebf0f2，作为栏目区分。效果如图3-139所示。

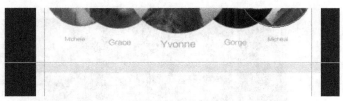

图3-139 分栏

添加文字，效果如图3-140所示。

图3-140 添加文字

　　绘制矩形，如图3-141所示。

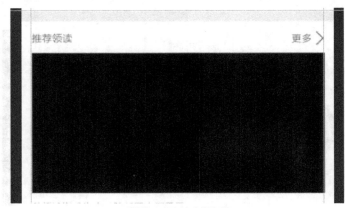

图3-141　绘制矩形

　　置入图片，放置在圆形上方，使用剪切蒙版将图片剪切至矩形内，效果如图3-142所示。

图3-142　图片展示

　　添加文字，效果如图3-143所示。

图3-143　添加文字

使用线条绘制分割线，效果如图3-144所示。

图3-144　绘制分割线

运用上述图片置入方法置入图片，效果如图3-145所示。

图3-145　置入图片

领读页面最终效果，如图3-146所示。

图3-146　领读页面最终效果

七、我的页面制作

1. 顶部

重复上面"今日领读人"顶部制作方法，制作"我的"顶部。如图3-147所示。

图3-147　"我的"顶部

2. 个人栏

创建圆形，置入图片，放置在圆形上方，使用剪切蒙版将图片剪切至圆形内，作为"我的"头像，效果如图3-148所示。

图3-148　置入图片

使用直线工具，绘制直线，作为分割线。如图3-149所示。

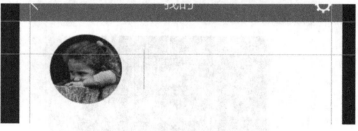

图3-149　绘制分割线

添加文字，效果如图3-150所示

图3-150　添加文字

3. 类目

使用矩形工具，填充色为#ebf0f2，添加分栏（作为栏目区分），效果如图3-151所示。

图3-151　添加分栏

将之前做好的图标放入其中，并使用直线工具绘制分割线。效果如图3-152所示。

图3-152　添加分类图标

4. 内容

使用文字工具及图形工具，制作内容部分，效果如图3-153所示。

图3-153　制作内容部分

　　置入图片，将图片放置在图形上方，使用剪切蒙版将图片剪切至图形内，效果如图3-154所示。

图3-154　置入图片

　　重复上述步骤，制作剩余内容部分，最终效果如图3-155所示。

图3-155　"我的"页面最终效果

项目实训四

手机主题界面设计

🧩 实训项目

古风青花手机界面设计

🧩 项目分析

"古风青花"这个手机主题是为iOS系统而设计的。该主题的设计围绕青花纹样而展开，以此紧紧抓住文艺青年的心。它的设计风格十分淡雅。同时，水墨淡雅的色调为它营造了一个清新脱俗的氛围。圆形的图标体现了中国的传统文化："为人要方，处事要圆。"而这些特点正是爱好古风的人所喜爱的。

此案例应用了Photoshop CC软件完成制作。

🧩 实现过程

一、单个图标制作

1. 地图标志

将画布设置为1024×1024像素，制作地图图标；画布设置如图4-1所示。

图4-1　画布设置

使用椭圆工具，选择"形状图层"填充色为白色无描边，按住Shift绘制正圆。形状图层如图4-2所示。

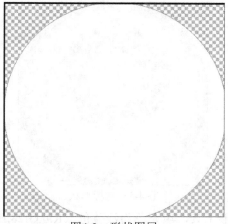

图4-2　形状图层

单击"图层"面板中的"添加图层样式" fx，在弹出的菜单中选择"内阴影"（R:0,G:28,B:88）命令，距离为27像素，阻塞为10%，大小为109像素。图层样式设置如图4-3。在弹出的"图层样式"对话框中设置参数后单击"确定"按钮。图层样式效果如图4-4所示。

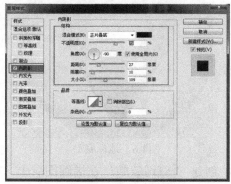

图4-3　图层样式设置

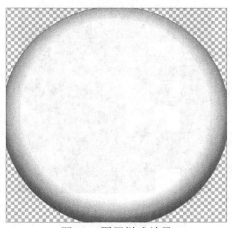

图4-4　图层样式效果

新建图层，使用"椭圆工具" 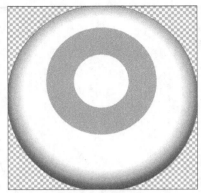 制作地图标志形状。无描边，填充色为浅蓝色（R:126,G:206,B:244）。地标形状如图4-5所示。

图4-5　地标形状

新建图层，使用多边形工具，填充色为浅蓝色（R:0,G:28,B:88），制作地图标志底部形状。地标底部如图4-6所示。

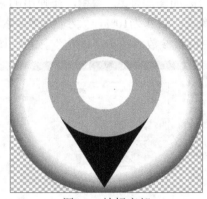

图4-6　地标底部

拖入"地图素材-1"，创建"剪切蒙版"在椭圆图层上。剪切蒙版如图4-7所示。制作出效果如图4-8所示。

图4-7　剪切蒙版

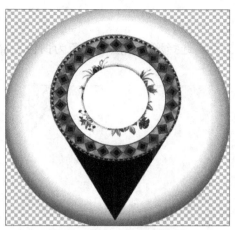

图4-8　增加剪切蒙版效果

单击"椭圆图层"面板中的"添加图层样式" *fx*，在弹出的菜单中选择"内阴影"（R:0,G:28,B:38）命令，距离为3像素，阻塞为1%，大小为15像素。图层样式设置如图4-9所示。制作出的最终效果如图4-10所示。

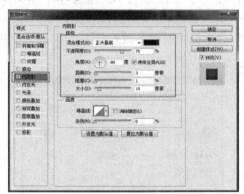

图4-9　图层样式设置

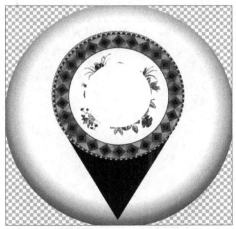

图4-10　最终效果

2. 电话标志

新建图层，使用椭圆工具，选择形状图层填充色为白色无描边，按住Shift绘制正圆。形状图层如图4-11所示。

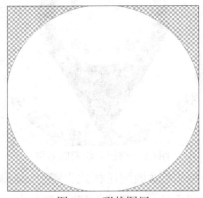

图4-11　形状图层

单击"图层"面板中的"添加图层样式" fx，在弹出的菜单中选择"内阴影"（R:0,G:24,B:86）命令，距离为22像素，阻塞为0%，大小为81像素。图层样式设置如图4-12所示。在弹出的"图层样式"对话框中设置参数后单击"确定"按钮。图层样式效果如图4-13所示。

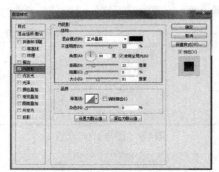

图4-12　图层样式设置

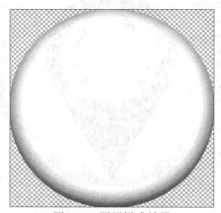

图4-13　图层样式效果

置入"电话素材-2",置入效果如图4-14所示。

图4-14 置入效果

置入"电话素材"然后按下Ctrl+T键进行顺时针旋转90°,缩放如图4-15所示。新建图层,按住Ctrl键单击"电话素材"图层的缩略图载入选区,并使用油漆桶<img>填充白色。填充效果如图4-16所示。

图4-15 缩放效果

图4-16 填充效果

单击"添加图层蒙版"按钮 ▣ 并使用黑色画笔在蒙版上涂抹，隐藏部分图像。增加蒙版如图4-17所示。

图4-17   蒙版擦除效果

单击"椭圆图层"面板中的"添加图层样式" fx ，在弹出的菜单中选择"斜面和浮雕""内阴影""内发光""光泽""外发光""颜色叠加"。图层样式如图4-18所示。

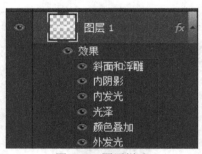

图4-18   图层样式

置入"电话素材-3"按下Ctrl+T键缩放图像，然后按下Enter键结束"自由变换"命令。缩放如图4-19所示。然后使用"椭圆选框工具" ◯ ，制作出电话孔，如图4-20所示。然后单击"图层"面板中的"添加图层样式"按钮 fx. ，在弹出的菜单中选择"投影"命令，设置参数后单击"确定"按钮。最终效果如图4-21所示。

图4-19   缩放效果

图4-20　电话孔效果

图4-21　最终效果

3. 微信图标

新建图层，使用椭圆工具，选择形状图层填充色为白色，无描边，按住Shift键绘制正圆。形状图层如图4-22所示。

图4-22　形状图层

　　单击"图层"面板中的"添加图层样式" fx，在弹出的菜单中选择"内阴影"（R:0,G:35,B:113）命令，距离为26像素，阻塞为0%，大小为57像素。图层样式设置如图4-23所示。

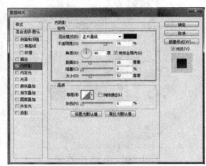

图4-23　图层样式设置

　　在弹出的"图层样式"对话框中设置参数后单击"确定"按钮。图层样式效果如图4-24所示。

图4-24　图层样式效果

　　使用椭圆工具，选择形状图层填充色为白色无描边，按住Shift绘制正圆。形状图层如图4-25所示。

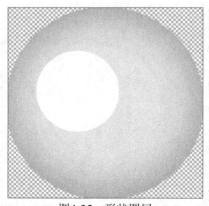

图4-25　形状图层

单击"图层"面板中的"添加图层样式"　，在弹出的菜单中选择"内阴影"（R:0,G:0,B:0）命令，距离为5像素，阻塞为0%，大小为7像素。"颜色叠加"（R:255,G:246,B:147）命令。图层样式如图4-26所示。

图4-26　图层样式

在弹出的"图层样式"对话框中设置参数后单击"确定"按钮。形状图层如图4-27所示。

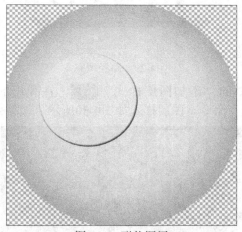

图4-27　形状图层

置入"短信素材"按下快捷键Ctrl+T缩放图像，然后按下Enter键结束"自由变换"命令。置入素材如图4-28所示。

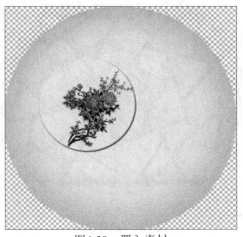

图4-28　置入素材

　　使用直线工具画出路径，单击鼠标右键进行路径描边填充土黄色。路径填充如图4-29所示。

图4-29　路径填充

　　单击"图层"面板中的"添加图层样式" fx.，在弹出的菜单中选择"斜面和浮雕""颜色叠加""投影"命令。图层样式如图4-30所示。最终效果如图4-31所示。

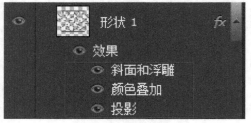

图4-30　图层样式

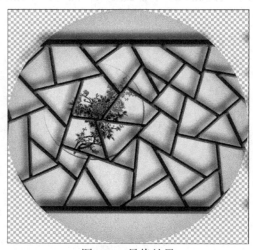

图4-31　最终效果

4.时钟图标

置入"时钟素材"按下快捷键Ctrl+T缩放图像，然后按下Enter键结束"自由变换"命令。置入素材如图4-32所示。

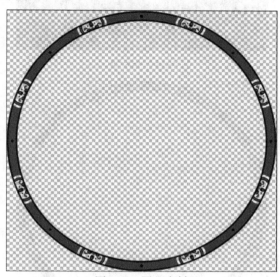

图4-32　置入素材

新建图层，使用椭圆工具，选择形状图层填充色为白色无描边，按住Shift键绘制正圆。形状图层如图4-33所示。

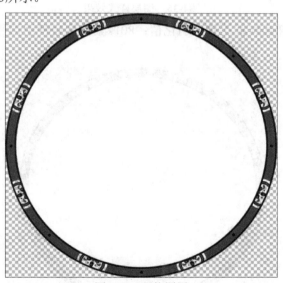

图4-33　形状图层

单击"图层"面板中的"添加图层样式" **fx.**，在弹出的菜单中选择"内阴影"（R:255,G:255,B:255）命令，距离为15像素，阻塞为0%，大小为0像素。"渐变叠加"

（灰色到白色的渐变）命令。图层样式如图4-34所示。制作出效果如图4-35所示。

图4-34　图层样式

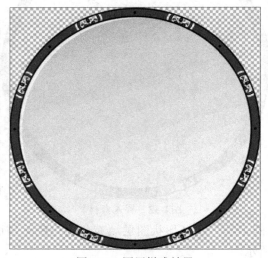

图4-35　图层样式效果

新建图层，使用椭圆选框工具，羽化值：80像素，然后使用油漆桶填充白色。填充效果如图4-36所示。

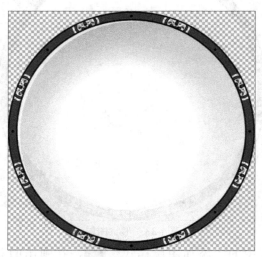

图4-36　填充效果

置入"时钟素材-2"按下快捷键Ctrl+T缩放图像，然后按下Enter键结束"自由变换"

命令。置入素材如图4-37所示。

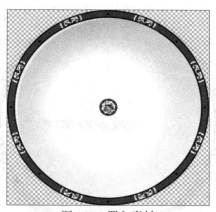

图4-37 置入素材

新建图层，使用钢笔工具，绘制出"筷子"路径并填充红色。"筷子"路径及填充色如图4-38所示。

图4-38 "筷子"路径及填充色

单击"图层"面板中的"添加图层样式" fx.，在弹出的菜单中选择"内阴影"（R:0,G:24,B:86）命令，距离为22像素，阻塞为0%，大小为81像素。"投影"命令，图层样式设置如图4-39所示。

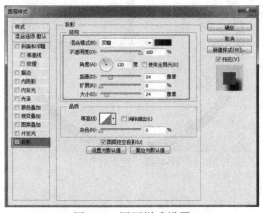

图4-39 图层样式设置

制作出效果如图4-40所示。

图4-40　图层样式效果

选中"筷子"图层按住快捷键Ctrl+J进行复制，复制出"筷子副本"；复制出如图4-41所示效果，如图4-42所示。

图4-41　筷子副本

图4-42　效果制作

使用横排文字工具，完成钟面文字制作；添加文字如图4-43所示。

图4-43　添加文字

单击"图层"面板中的"添加图层样式" fx.，在弹出的菜单中选择"投影"（R:0,G:0,B:0）命令，距离为5像素，阻塞为0%，大小为9像素。"描边"（黑色，大小为2像素）命令。图层样式设置如图4-44所示。图层样式效果如图4-45所示。

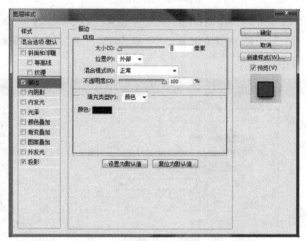

图4-44　图层样式"描边"设置

图4-45　图层样式效果

5. QQ图标

新建图层，使用椭圆工具，选择形状图层填充色为白色无描边，按住Shift键绘制正圆。形状图层如图4-46所示。

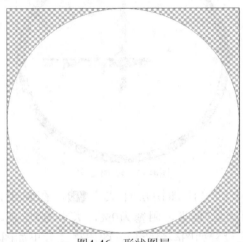

图4-46　形状图层

单击"图层"面板中的"添加图层样式" *fx.*，在弹出的菜单中选择"内阴影"（R:42,G:89,B:208）命令，距离为0像素，阻塞为0%，大小为76像素。图层样式"内发光"设置，如图4-47所示。

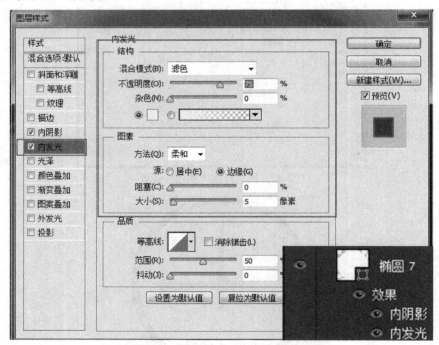

图4-47　图层样式"内发光"设置

制作出效果，如图4-48所示。

图4-48 图层样式效果

新建图层，使用钢笔工具，勾画出"QQ企鹅"外轮廓并填充黑色，企鹅外形如图4-49所示。

图4-49 企鹅外形

新建图层，使用画笔工具，处理"企鹅"立体光影，企鹅光影如图4-50所示。

图4-50 企鹅光影

　　使用椭圆工具，选择形状图层填充色为白色无描边，绘制"企鹅眼睛"。然后复制一层制作黑色眼球。企鹅眼睛（左）如图4-51所示。

图4-51　企鹅眼睛（左）

　　利用同样的方法制作另一边眼睛。企鹅眼睛（右）如图4-52所示。

图4-52　企鹅眼睛（右）

　　使用椭圆工具，选择形状图层填充色为黄色无描边，绘制"企鹅嘴巴"。企鹅嘴巴如图4-53所示。

图4-53　企鹅嘴巴

使用钢笔工具，绘制出"企鹅肚子"填充白色，使用画笔工具绘制阴影。企鹅肚子如图4-54所示。

图4-54 企鹅肚子

使用钢笔工具绘制"企鹅围巾"，然后置入素材"QQ素材"使用"剪切蒙版"增加"企鹅围巾"花样。企鹅围巾如图4-55所示。

图4-55 企鹅围巾

置入素材"QQ素材-2" 按下快捷键Ctrl+T缩放图像，然后按下Enter键结束"自由变换"。最终效果如图4-56所示。

图4-56 最终效果

6. 微博图标

新建图层，使用椭圆工具，选择形状图层填充色为白色无描边，按住Shift绘制正圆。形状图层如图4-57所示。

图4-57　形状图层

单击"图层"面板中的"添加图层样式"　fx.，在弹出的菜单中选择"内阴影"（R:93,G:165,B:255）命令，距离为5像素，阻塞为0%，大小为131像素。图层样式设置如图4-58所示。

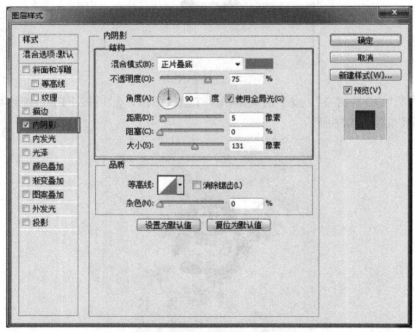

图4-58　图层样式设置

制作出效果如图4-59所示。

图4-59　图层样式效果

　　置入"微博素材"按下快捷键Ctrl+T缩放图像，然后按下Enter键结束"自由变换"。置入素材如图4-60所示。

图4-60　置入素材

　　新建图层，使用钢笔工具绘制出"微博图标"的外轮廓，并使用快捷键Ctrl+Enter转换为选区，使用油漆桶填充黑色。路径填充如图4-61所示。然后删除中间多余的地方，微博形状如图4-62所示。

图4-61　路径填充

图4-62　微博形状

使用钢笔工具绘制出剩下的图形，并填充黑色。微博图标如图4-63所示。

图4-63　微博图标

置入"微博素材-2"放在"微博图层"上，使用"剪切蒙版"。剪切蒙版如图4-64所示。

图4-64　剪切蒙版

制作出效果如图4-65所示。

图4-65　最终效果

二、主页制作

将画布设置为750×1334像素，制作手机界面。画布设置如图4-66所示。

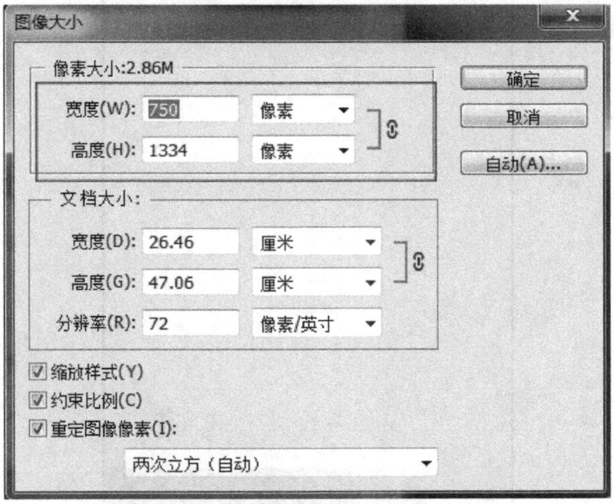

图4-66　画布设置

　　置入"背景素材-底",使用快捷键Ctrl+T进行自由变换大小。缩放效果如图4-67所示。

图4-67　缩放效果

　　使用矩形选框工具,填充黑色并调整不透明度为5%。底部效果如图4-68所示。

图4-68　底部效果

使用矩形选框工具，填充黑色。顶部效果如图4-69所示。

图4-69　顶部效果

使用椭圆选框工具，按住Shift绘制正圆得到"图层6"并复制一层得到"图层6副本"并设置不透明度为50%。如图4-70所示。

图4-70　绘制正圆

使用椭圆选框工具和文字工具，完成顶部文字、图形细节处理。制作出效果如图4-71所示。

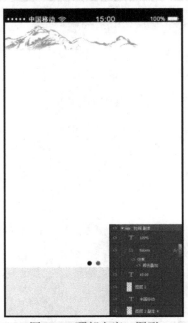

图4-71   顶部文字、图形

置入"背景素材-2"按住快捷键Ctrl+T调整大小，放置在"时钟"上。使用文字工具，输入日期字体颜色（R:63,G:111,B:237）。置入"背景素材-3"按住快捷键Ctrl+T调整大小。效果如图4-72所示。

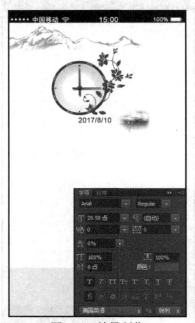

图4-72   效果制作

　　置入做好的所有按钮，并添加文字完成最终效果，字符面板设置如图4-73所示，最终效果如图4-74所示。

图4-73　字符面板设置

图4-74　最终效果

项目实训五

TV界面设计

🧩 实训项目

　　TV在线观看界面设计

🧩 项目分析

　　由于数字电视的目标用户是家庭用户，显示终端是电视机，控制终端是遥控器，所以UI 规范将满足家庭用户的使用习惯，并符合电视机和遥控器的特点。不仅仅因为出现了更多比从前更棒的产品，我们在自己观看和喜爱的节目上也有了更多选择。虽然我们可以随时随地通过电脑、手机和iPad观看，但电视机在大多数人家中仍然占据着一个特殊角色，与电脑，甚至手机相比，为电视设计界面仍然是相对新的领域。它也是一个完全不同的平台。为TV设计需要完全不同的思考，包括屏幕尺寸和距离、技术局限，还有使用场景。

　　此案例应用了Photoshop CC软件完成制作。TV界面设计设置为标准的HDTV分辨率：1920 × 1080像素，上下外边距60像素，左右外边距90像素，字体为微软雅黑，字号分别为20pt和24pt。

🧩 实现过程

一、首页展示效果制作

1. 背景制作

　　将画布设置为标准的HDTV分辨率：1920×1080像素，上下外边距为60像素，左右外边距为90像素。

　　新建文件设置如图5-1所示。

图5-1　新建文件设置

设置TV界面的安全范围：视图——新建参考线，新建参考线设置如图5-2所示。

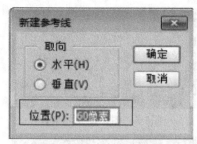

图5-2 新建参考线设置

在图层面板新建图层，用线性渐变填充，渐变设置如图5-3所示。

图5-3 渐变设置

在图层面板新建图层，用渐变到透明填充，图层渐变设置如图5-4所示。

图5-4 图层渐变设置

图层渐变效果如图5-5和图5-6所示。

图5-5　图层渐变效果1

图5-6　图层渐变效果2

打开素材5-1，移动到TV界面主页文件中，执行滤镜——模糊——高斯模糊，设置如图5-7所示。

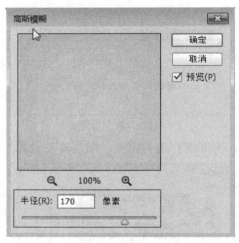

图5-7　高斯模糊设置

对图层的模式和不透明度设置；在图层面板添加蒙版，选择黑色到白色从右上角往左下角拉渐变，如图5-8所示。

图5-8　图层面板设置

在图层面板中选择创建新的填充或调整图层打开色彩平衡，如图5-9所示。

图5-9　色彩平衡设置

在图层面板中选择创建新的填充或调整图层，打开曲线对话框，进行参数设置如图5-10所示。

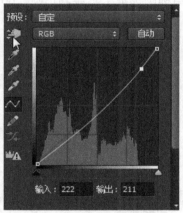

图5-10　曲线参数设置

2. 首页界面效果展示

（1）状态栏制作

状态栏（Status Bar）位于界面最上方，主要用于显示时间、地点、天气等常规信息。

选择形状工具组的直线工具，设置工具属性栏粗线为2像素。如图5-11所示和如图5-12所示。

图5-11　形状工具组的直线工具

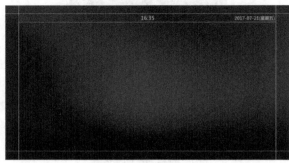

图5-12　直线工具属性设置

选择文字工具输入文字，字体为微软雅黑，字号分别为20pt和24pt，如图5-13所示。

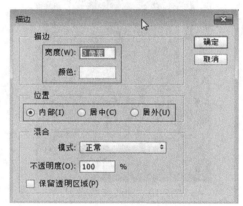

图5-13　输入文字

（2）WiFi图标绘制

新建图层命名"wifi"，用椭圆选框工具绘制正圆（60×60像素），执行编辑——描边，如图5-14所示。

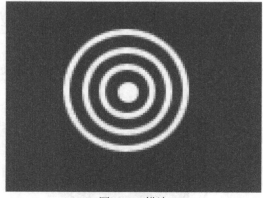

图5-14　描边设置

重复执行上图5-14完成操作。如图5-15所示。

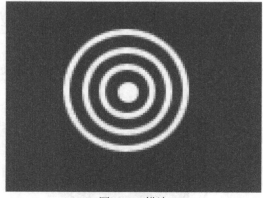

图5-15　描边

使用矩形选框工具绘制正方形，鼠标右键选择变换选区，将选区旋转45°，如图5-16所示和如图5-17所示。

图5-16 矩形选框设置

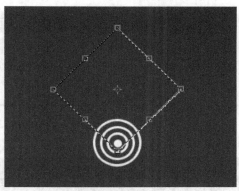

图5-17 选区旋转45°

在图层面板添加图层蒙版，如图5-18所示。

图5-18 添加图层蒙版

WiFi图标如图5-19所示。

图5-19　WiFi图标

（3）标签栏制作

标签栏（Tab Bar）位于界面最下方，可以理解为全局导航，方便快速切换功能或导航。

使用钢笔工具绘制四边形，按Ctrl+Enter键转换为选区，用白色填充图形。执行选择——修改——收缩。如图5-20所示。

图5-20　收缩设置

执行选择——修改——羽化，如图5-21所示。

图5-21　羽化设置

按Delete键删除，效果如图5-22所示。

图5-22　效果展示

（4）直播图标制作

图标制作尺寸128×128像素，内部圆形线宽保持8像素，如图5-23所示。

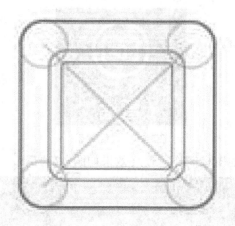

图5-23　图标线稿

使用钢笔工具绘制直播图标路径，效果如图5-24所示。

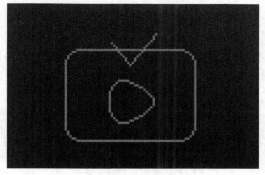

图5-24　图标路径

设置画笔工具为5像素，前景色为白色，新建图层，在路径面板执行画笔描边路径，如图5-25所示。

图5-25　图标画笔描边

新建图层，使用椭圆工具绘制80×80像素的路径，画笔设置为5像素，前景色为白色，执行画笔描边路径；输入文字"直播"二字，字体为微软雅黑，字号24pt，最终效果如图5-26所示。

图5-26　最终效果

用同样的方法完成其他图标制作，最终效果如图5-27所示。

图5-27　图标最终效果

（5）主页详细信息

新建图层命名为主页展示，使用圆角矩形工具绘制800×630像素的图形，圆角半径为8像素，添加图层样式外发光，如图5-28所示。

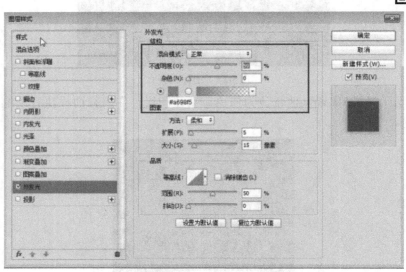

图5-28　图层样式设置

导入素材5-2，基于首页展示图层创建剪贴蒙版，执行图层——创建剪贴蒙版，如图5-29所示。

图5-29　首页图像展示

　　新建图层，创建高度为80像素的长方形，填充黑色，图层不透明度为70%，基于首页展示创建剪贴蒙版，如图5-30所示。

图5-30　图像展示

　　新建图层，创建高度为80像素的长方形，填充黑色，图层不透明度为70%，执行编辑——自由变换，旋转45°，基于首页展示创建剪贴蒙版，输入文字，字体为微软雅黑，　HOT字号为20pt，颜色为红色，正文信息字号为18pt，效果如图5-31所示。

图5-31　最终效果

新建图层命名为轮播点击，用画笔工具进行绘制，前景色为白色，按F5画笔属性设置如图5-32所示。

图5-32 画笔属性设置

设置渐变为透明到白色，选择渐变类型为径向渐变，渐变设置如图5-33所示。

图5-33 渐变设置

单击图层面板上的锁定透明像素，用径向渐变填充，效果如图5-34所示。

图5-34 最终效果

用同样的方法完成主页其他内容的制作，如图5-35所示。

图5-35　首页最终效果

二、电影列表界面制作

根据首页背景制作方法完成电影界面的背景效果，根据WiFi绘制方法绘制搜索图标，大小为60×60像素，输入文字，用直线工具绘制直线，精细为3像素。如图5-36所示。

图5-36　电影页面状态栏

1. 导航菜单

菜单导航的制作，采用抽屉式导航设计，让用户更专注于核心的功能操作。本次电影界面设计字体为微软雅黑，字号为24pt。用文字工具输入文字，然后用移动工具中的分散居中对齐，如图5-37所示。

图5-37　电影页面导航菜单

2. 电影信息制作

采用陈列式导航完成详细内容制作，其优点直观地展现各项内容。操作方法如下。

新建图层命名为信息展示，使用矩形工具绘制235×310像素图形，打开素材5-7，执行自由变换（Ctrl+T）进行大小缩放，基于信息展示创建剪贴蒙版，输入文字，用直线工具绘制直线，精细2像素。如图5-38所示。

图5-38　详细内容展示

用同样方法完成其他内容制作，如图5-39所示。

图5-39　详细内容完成

三、详细界面制作

1.页面及文字制作

新建文件：1920×1080像素，色彩模式：RGB，分辨率：96 ppi。

导入素材5-17，调整合适位置，新建图层命名为底色，使用矩形工具绘制长方形，填充黑色，图层不透明度为70%。效果如图5-40所示。

图5-40　效果展示

使用文字工具输入文字信息，字体为微软雅黑，字号为20pt，颜色为白色，效果如图5-41所示。

图5-41　添加文字

2. 单击播放按钮绘制

使用椭圆工具绘制圆形路径属性设置，如图5-42所示。

图5-42　椭圆工具设置

继续使用多边形工具属性设置，如图5-43所示。

图5-43　多边形工具设置

设置画笔大小为5像素，前景色为白色，在路径面板选用路径描边，最终效果如图5-44所示。

图5-44　最终效果

四、播放界面制作

新建文件：1920×1080像素，色彩模式：RGB，分辨率：96ppi。导入素材5-18，调整合适的位置，新建图层，使用矩形工具分别在界面顶部（1820×60 像素）和底部

（1920×100像素）的矩形长方形，填充黑色，图层不透明度为60%。最终效果如图5-45所示。

图5-45　最终效果

1.播放进度条绘制

新建图层命名为进度条，使用直线工具绘制1500×2像素的直线，颜色为白色，直线工具属性设置

新建图层命名为播放进度线，使用直线工具绘制500×2像素的直线，颜色为#a58bf1，并和进度条图层左对齐。对播放进度线设置图层样式，外发光颜色#6666f8。图层样式设置如图5-46所示。

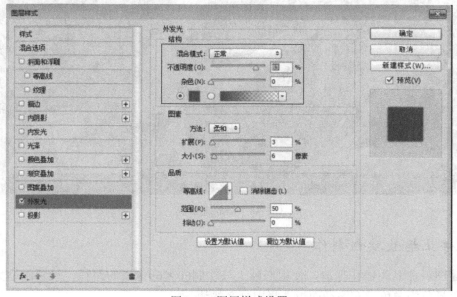

图5-46　图层样式设置

新建图层命名为播放进度时间点，使用椭圆选框工具绘制16×16像素的选区，描边。描边设置如图5-47所示。

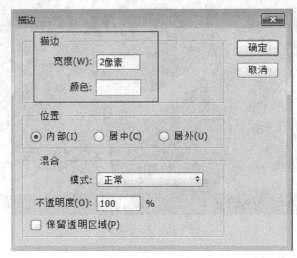

图5-47　描边设置

新建图层命名为播放进度时间点1，使用画笔工具绘制大小8像素的白色圆点，并与播放进度时间点图层居中对齐，按照上图5-56完成图层样式设置，选择文字工具输入时间并右对齐。播放进度条如图5-48所示。

图5-48　播放进度条

2. 停止播放按钮制作

新建图层命名为停止播放，使用椭圆工具绘制60×60像素的路径，设置画笔大小为5像素，前景色为白色，在路径面板选择用画笔描边。

使用直线工具绘制大小为5×30像素白色直线。停止播放图标如图5-49所示。

图5-49　停止播放图标

3. 声音按钮制作

新建图层命名为声音，使用钢笔工具绘制60×60像素声音图标，设置画笔大小为5像素，前景色为白色，在路径面板选择用画笔描边。声音图标如图5-50所示。

图5-50　声音图标

4. 分享按钮制作

新建图层命名为分享，使用直线工具绘制60×60像素分享图标，设置粗细为5像素白色直线，设置画笔大小为10像素，前景色为白色的圆点。分享图标如图5-51所示。

图5-51　分享图标

用以上同样方法完成前进、后退、上一级、下一级的图标绘制。最终效果如图5-52所示。

图5-52　页面最终效果

五、TV界面展示效果

新建一个名称为"TV界面展示效果图"的文件，如图5-53所示。

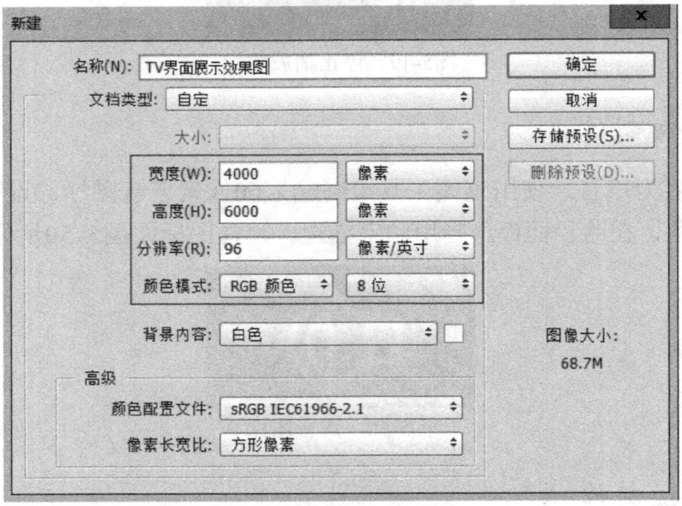

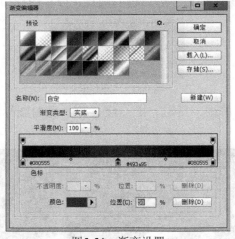

图5-53   新建文件设置

新建图层命名为底色，设置渐变属性，填充线性渐变，如图5-54所示。

图5-54   渐变设置

设置前景色为白色，选择文字工具，在文件上方输入"TV界面展示效果"，设置字体属性如图5-55所示。

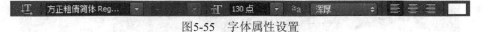

图5-55   字体属性设置

分别导入：主页、电影页面、电影详情、播放页面到TV界面展示，依次从上往下居中排列。TV界面展示效果如图5-56所示。

图5-56 TV界面展示效果

打开素材5-19的电视素材，导入到TV界面展示效果并居中对齐页面，继续导入主页页面，执行自由变换（Ctrl+T）进行大小、位置的调整，并放置电视素材在显示屏中，效果如图5-57所示。

图5-57 展示效果

新建图层命名为光感层，使用钢笔工具绘制一个三边形路径，效果如图5-58所示。

图5-58　绘制三边形路径

将路径转换为选区（Ctrl+Enter）键，选择渐变工具，进行参数设置，然后拖动产生白色到透明的效果。图层属性设置如图5-59所示。

图5-59　图层属性设置

图5-60　TV界面最终展示效果

学习资源推荐

1. 网页、UI设计门户

（1）站酷　http://www.zcool.com.cn/

（2）蓝色理想　http://www.blueidea.com/

（3）网页设计师　http://www.68design.com/

（4）UI中国　http://www.ui.cn/

（5）八只熊　http://www.8bears.com/coolsite/

（6）UI制造　http://www.uimaker.com/

（7）视觉中国　http://www.visualchina.com/

2. 素材门户

（1）红动中国设计网　http://www.redocn.com/

（2）全景网　http://www.quanjing.com/

（3）花瓣网　http://huaban.com/

（4）素材库　http://www.sccooo.com/

（5）创意悠悠花园　http://uuhy.com/

（6）昵图网　http://www.nipic.com/

（7）图图网　http://www.tutu001.com/

3. 用户体验团队

（1）UCD大社区　http://ucdchina.com/

（2）腾讯MXD移动互联网设计中心　http://mxd.tencent.com/

（3）腾讯CDC　http://cdc.tencent.com/

（4）腾讯UED　http://ued.qq.com/

（5）淘宝UED　http://ucd.taobao.com/

（6）口碑UED　http://ucd.koubei.com/

（7）阿里UED　http://www.aliued.com/